上海市湿地修复与场景设计

薛 程 刘汉中 主 编

左 倬 辛凤飞 刘 敏 刘文娟 副主编

审图号：GS 京（2025）0329 号

图书在版编目（CIP）数据

上海市湿地修复与场景设计 / 薛程, 刘汉中主编；左倬等副主编. -- 北京：中国林业出版社, 2025.3
ISBN 978-7-5219-3009-2

Ⅰ . P942.510.78

中国国家版本馆CIP数据核字第2025N09M93号

策划、责任编辑：樊　菲
封面设计：北京八度出版服务机构

出版发行：中国林业出版社
　　　　（100009，北京市西城区刘海胡同 7 号，电话 83143610）
电子邮箱：cfphzbs@163.com
网　址：https://www.cfph.net
印　刷：北京博海升彩色印刷有限公司
版　次：2025 年 3 月第 1 版
印　次：2025 年 3 月第 1 次
开　本：787mm×1092mm 1/16
印　张：6.75
字　数：150 千字
定　价：68.00 元

本书编委会

主　　编　薛　程　刘汉中
副 主 编　左　俾　辛凤飞　刘　敏　刘文娟

编委会成员（按姓氏拼音排序）

薄顺奇　陈涵天　程南宁　董大正
顾　娇　琚泽文　李应辉　刘　蓉
施　思　眭玄弘　徐　欢　徐明杰
杨　玲　杨　婷　袁　晓　郑运祥

参编单位　上海市野生动植物和自然保护地研究中心
　　　　　　上海上咨工程设计有限公司
　　　　　　上海勘测设计研究院有限公司

序

欣闻《上海市湿地修复与场景设计》即将出版面世，作为一名从事湿地保护修复研究工作30多年的科研工作者，我倍感喜悦。看到书中将我主导设计实施的大莲湖湿地修复工程（上海青西郊野公园）列为典型示范案例，心底的回忆浮现在眼前，带我重温了当时修复工程的艰辛和收获成果的喜悦，同时也因自己为上海湿地的保护修复贡献绵薄之力而倍感荣幸。

随着《中华人民共和国湿地保护法》正式颁布实施，我国的湿地管理工作已迈入全面保护和系统修复的新阶段，对湿地保护修复技术总结凝练成果的需求也日益迫切。本书的编撰与出版，正是聚焦于上海市各湿地的实际场景，以图文并茂的形式总结提炼出指南手册，具有独特的实用价值，对上海市湿地的保护修复具有重要的现实意义和应用价值。

上海市作为拥有常住人口2500万的超大型城市，是我国经济发展和改革的引领者，同时上海市四成以上的国土面积是湿地。上海是名副其实的湿地城市，如何有效处理好城市发展与湿地保护修复的关系，是上海面临的现实问题；作为经济发展的引领者，成为经济发展、生态建设、湿地保护修复方面的引领标杆，也是上海急切需要努力的方向。本书的编撰与出版，让我们欣喜地看到：上海的同人正在大踏步地前进，持续推动着上海市湿地保护修复工作的车轮滚滚向前，正在将上海市的湿地建设得更精、更美、更健康。

环境支撑当代，生态成就未来。愿社会同人在本书的指引下，将上海建设成为诗意盎然的沪派江南，把中华大地描绘成为大美与共的文明画卷。

谨以此序作为对该书出版的美好祝愿！

南京大学教授、博导
南京大学常熟生态研究院院长
2025年2月

前 言

　　湿地在涵养水源、净化水质、蓄洪抗旱、调节气候和维护生物多样性等方面发挥着重要的生态功能，是全球重要的自然生态系统和城市自然空间不可或缺的组成部分。近年来，党中央、国务院将湿地保护和修复工作上升到新的高度。2012年，湿地保护工作被写入党的十八大报告；2015年，中共中央、国务院印发的《生态文明体制改革总体方案》明确提出将所有湿地纳入保护范围，规范保护利用行为，建立湿地生态修复机制；2016年，国务院办公厅印发《湿地保护修复制度方案》，实行湿地面积总量管控，全面提升湿地保护与修复水平；2021年，《中华人民共和国湿地保护法》正式通过，确立了湿地保护优先、严格管理、系统治理、科学修复、合理利用的原则；2022年，党的二十大报告指出，要提升生态系统多样性、稳定性、持续性，加快实施重要生态系统保护和修复重大工程，为当前及今后一个时期的湿地保护工作提供基本遵循。

　　上海位于长江入海口，地处长江三角洲冲积平原，又被称为"上海滩"，可谓是一座建在湿地上的城市。上海境内湿地资源丰富，类型多样，形成"江海交汇，水绿交融，文韵相承"的湿地生态网络。湿地生态系统不仅为上海这座国际大都市提供了良好的生态环境，更为上海经济和社会的快速发展作出了巨大的贡献，可以说，上海的发展史就是一部湿地的形成、利用、保护与发展的历史。党的十八大以来，上海以习近平生态文明思想为指导，把湿地保护和修复作为生态文明建设的重要内容，《上海市湿地保护修复制度实施方案》《上海市国土空间生态修复专项规划（2021—2035年）》等文件相继出台，多项湿地生态修复工程也被纳入"上海市三年林业政策"[①]作为重点支持的建设内容，湿地生态修复工作正处于最佳时期。在此背景下编者团队编写本书，具有非常重要的现实意义和应用价值。

本书通过系统介绍上海市湿地现状以及湿地修复的概念和程序，以目标和功能为引导，重点聚焦于各类湿地生态修复场景，并配合生动易懂的图片和实景案例，对今后在上海地区乃至全国各地开展湿地生态修复和保护方案制定、规划设计等实践提供指导和借鉴，可供从事湿地保护相关工作的技术人员、科研人员和高等院校师生使用。书中所采用的实景照片、示意图主要来自编写团队在工作中的拍摄和研究成果。

编者水平有限，本书难免有疏漏和不足之处，敬请广大读者批评指正。本书能够顺利出版得益于上海市绿化和市容管理局（上海市林业局）的大力支持，在此一并致谢。

编　者

2025 年 2 月

[①] 为将上海市林业发展领域由单一林地建设向湿地和野生动物保护领域拓展，构建完整的城市基础生态网络空间，经上海市政府同意，2013 年 3 月 8 日，市政府办公厅正式转发了市林业局、市发展和改革委员会、市财政局三部门制定的《2013—2015 年本市推进林业健康发展促进生态文明建设的若干政策措施》，上海市野生动物栖息地修复政策正式出台。该政策 3 年滚动实施，简称"上海市三年林业政策"。

目　录

　　总　则　　　　　　　　　　　　　002

1 上海市湿地现状　　　　　　　　　003
　　1.1 湿地的含义　　　　　　　　　004
　　1.2 湿地的主要类型　　　　　　　005
　　1.3 湿地分布　　　　　　　　　　007
　　1.4 湿地分级　　　　　　　　　　010

2 湿地修复概念及程序　　　　　　　011
　　2.1 湿地修复　　　　　　　　　　012
　　2.2 湿地修复基本理念　　　　　　012
　　2.3 湿地修复基本原则　　　　　　013
　　2.4 湿地修复程序　　　　　　　　014
　　2.5 湿地修复的方法与工程　　　　016

3 湿地修复目标与功能引导　　　　　017
　　3.1 湿地生态系统服务功能　　　　018
　　3.2 湿地生态问题识别与对策　　　019
　　3.3 湿地修复目标　　　　　　　　020

4 湿地修复场景设计　　　　　　　　021
　　4.1 维持生物多样性　　　　　　　022

　　4.2 水质净化　　　　　　　　　　035
　　4.3 景观改善　　　　　　　　　　052
　　4.4 防灾减灾　　　　　　　　　　058
　　4.5 湿地人文　　　　　　　　　　064

5 湿地修复常用配置设计　　　　　　067
　　5.1 滨岸植被配置　　　　　　　　068
　　5.2 功能性景观小品　　　　　　　074
　　5.3 科普展示系统　　　　　　　　076

6 实施与保障　　　　　　　　　　　079

7 维护与监测评估　　　　　　　　　081
　　7.1 维护管理　　　　　　　　　　082
　　7.2 监测评估　　　　　　　　　　083

附　录　　　　　　　　　　　　　　084
　　附　录 1　相关参考文件　　　　　084
　　附　录 2　上海市湿地常用水生
　　　　　　　植物特性一览　　　　　086
　　附　录 3　上海市湿地常用景观
　　　　　　　植物　　　　　　　　　093

总 则
General Principles

1. 编制目的 Purpose

本书秉持科学修复、合理利用的基本思想，落实生态优先、保护优先的原则，开展上海市湿地修复设计、建设、后续管理、监测评估等的全周期指南研究。明确上海湿地修复建设的目标、理念和基本设计要求，统筹协调各类相关要素；严守城市生态底线，提高湿地在城市格局中的生态效应、社会效应，助力上海生态之城的建设，促进全社会对湿地生态功能的认识，维持湿地生态系统健康发展。

2. 适用范围 Scope

《中华人民共和国湿地保护法》范围内的上海市湿地，指具有显著生态功能的自然或者人工的、常年或者季节性积水地带、水域，包括低潮时水深不超过 6m 的海域，但是水田以及用于养殖的人工的水域和滩涂除外。

3. 适用对象 Target

本书的读者对象为参与湿地修复规划、设计、建设、管理、监测评估等工作的管理者、设计者、建设者和市民。

1 上海市湿地现状

CHAPTER 1
PRESENT OF SHANGHAI WETLAND

 上海是建立在湿地上的城市，是名副其实的"湿地之城"，具有典型的河口湿地城市特征。境内湿地资源丰富，湿地类型多样，湿地文化深厚。

1.1 湿地的含义
Definition of Wetland

湿地有着丰富的内涵，随着认识的加深和湿地保护管理需求的变化，湿地的含义一直在发生演变。

1971年，《关于特别是作为水禽栖息地的国际重要湿地公约》（*Convention on Wetlands of International Importance Especially as Waterfowl Habitat*）将湿地定义为天然或人工、永久或暂时之死水或流水、淡水、微咸水或碱水、沼泽地、湿原、泥炭地或水域，包括低潮时不超过6m的海水区，可包括与湿地毗邻的河岸和海岸地区，以及位于湿地内的岛屿或低潮时水深超过6m的海洋水体，特别是具有水禽生境意义的岛屿与水体。

2019年，国务院根据《第三次全国国土调查工作分类地类认定细则》将湿地定义修改为："指红树林地，天然的或人工的，永久的或间歇性的沼泽地、泥炭地，盐田、滩涂等。"共8种湿地类型。

2021年，《中华人民共和国湿地保护法》称："（湿地）是指具有显著生态功能的自然或者人工的、常年或者季节性积水地带、水域，包括低潮时水深不超过六米的海域，但是水田以及用于养殖的人工的水域和滩涂除外。"

1.2 湿地的主要类型
Type of Wetland

依据 2010 年国家林业局发布的《全国湿地资源调查技术规程（试行）》中的湿地分类系统，将上海市湿地划分为 5 类 13 型（不含水稻田人工湿地）。

上海市湿地类、型及划分标准

湿地类	湿地型	划分技术标准
近海与海岸湿地	浅海水域	浅海湿地中，湿地底部基质为无机部分组成，植被盖度 < 30% 的区域，多数情况下低潮时水深 < 6m。包括海湾、海峡
	岩石海岸	底部基质 75% 以上是岩石和砾石，包括岩石性沿海岛屿、海岩峭壁
	淤泥质海滩	由淤泥质组成的植被盖度 < 30% 的淤泥质海滩
	潮间盐水沼泽	潮间地带形成的植被盖度 ≥ 30% 的潮间沼泽，包括盐碱沼泽、盐水草地和海滩盐沼
	河口水域	从近口段的潮区界（潮差为零）至口外海滨段的淡水舌锋缘之间的永久性水域
	三角洲/沙洲/沙岛	河口系统四周冲积的泥/沙滩、沙洲、沙岛（包括水下部分），植被盖度 < 30%
河流湿地	永久性河流	常年有河水径流的河流，仅包括河床部分
湖泊湿地	永久性淡水湖	由淡水组成的永久性湖泊
沼泽湿地	草本沼泽	由水生和沼生的草本植物组成优势群落的淡水沼泽
	森林沼泽	以乔木森林植物为优势群落的淡水沼泽
人工湿地	库塘	以蓄水、发电、农业灌溉、城市景观、农村生活为主要目的而建造的，面积 > 8hm^2 的蓄水区
	运河、输水河	为输水或水运而建造的人工河流湿地，包括以灌溉为主要目的的沟、渠
	水产养殖场/种植塘	以水产养殖为主要目的而修建的人工湿地和经济作物种植池塘

根据《第三次全国国土调查工作分类地类认定细则》(2019年)，将上海湿地划分为3类：森林沼泽、沿海滩涂和内陆滩涂。

上海市湿地类型及划分标准

湿地类型	划分技术标准
森林沼泽	以乔木森林植物为优势群落的淡水沼泽
沿海滩涂	沿海大潮高潮位与低潮位之间的潮浸地带。包括海岛的沿海滩涂，不包括已利用的滩涂
内陆滩涂	河流、湖泊常水位至洪水位间的滩地； 时令湖、河洪水位以下的滩地； 水库、坑塘的正常蓄水位与洪水位间的滩地。 包括海岛的内陆滩地，不包括已利用的滩地

森林沼泽

沿海滩涂

内陆滩涂

1.3 湿地分布
Distribution of Wetland

根据2015年中国林业出版社出版的图书《中国湿地资源·上海卷》，全市湿地总面积保持在46.46万hm^2，湿地率为45.61%。

经调查统计，上海市面积不低于$8hm^2$的湿地总面积占上海市陆域面积（不含滨海湿地）的67.28%，占国土面积（含滨海湿地）的43.15%。其中自然湿地40.89万hm^2，占全部湿地87.02%。所有湿地类型中，近海与海岸湿地占绝对比重，面积为38.66万hm^2，占全市湿地总量的83.22%。

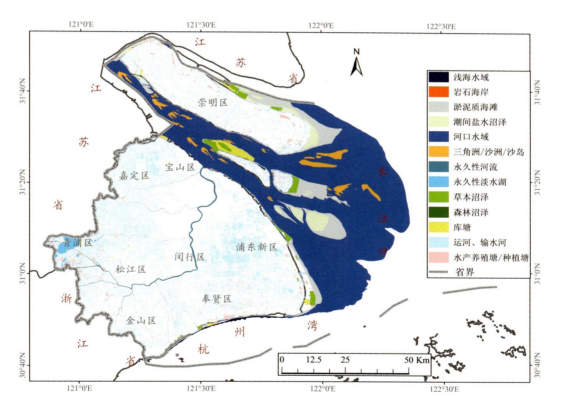

第二次全国国土调查上海市湿地空间分布

上海市湿地类、型、面积及比例

湿地类	湿地型	面积 /hm²	比例 /%
近海与海岸湿地	浅海水域	3250.48	0.70
	岩石海岸	39.43	0.01
	淤泥质海滩	43610.99	9.39
	潮间盐水沼泽	17794.53	3.83
	河口水域	308483.70	66.40
	三角洲/沙洲/沙岛	13442.88	2.89
河流湿地	永久性河流	7241.46	1.55
湖泊湿地	永久性淡水湖	5795.16	1.25
沼泽湿地	草本沼泽	9051.53	1.95
	森林沼泽	237.67	0.05
人工湿地	库塘	7521.91	1.62
	运河、输水河	28513.34	6.14
	水产养殖场	19600.30	4.22
合计		464583.38	100.00

随着国土空间规划改革的推进，上海市湿地资源发生重大变化，据 2021 年《关于上海市第三次全国国土调查主要数据的公报》显示，上海范围内湿地资源总面积为 7.27 万 hm²。

森林沼泽、沿海滩涂和内陆滩涂，分别占总湿地面积的 0.45%、42.38% 和 57.17%，滩涂湿地分布面积最广，占湿地总面积的 99.54%。崇明区 3 种湿地类型皆有分布且总量最多；浦东新区沿海滩涂面积最大，为 1.94 万 hm²；崇明区内陆滩涂面积最大，为 2.90 万 hm²。

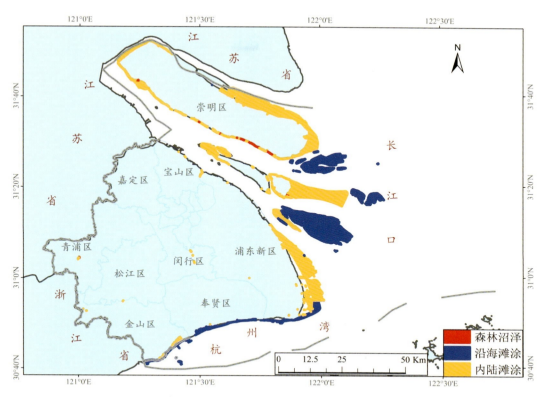

第三次全国国土调查上海市湿地空间分布

上海市各区不同类型湿地分布　　　　　　　　　　　单位：hm²

地　区	森林沼泽	沿海滩涂	内陆滩涂	总　计
宝山区	0.00	0.00	5.85	5.85
崇明区	322.08	9944.52	29045.25	39311.85
奉贤区	0.00	858.26	18.29	876.54
金山区	0.00	630.43	478.09	1108.52
闵行区	0.00	0.00	12.62	12.62
浦东新区	0.00	19384.64	12009.48	31394.12
青浦区	3.30	0.00	6.98	10.28
总　计	325.38	30817.85	41576.56	72719.79
占比 /%	0.45	42.38	57.17	100.00

1.4 湿地分级
Grading of Wetland

根据湿地的生态区位、生态系统功能和生物多样性，上海市湿地分为国家重要湿地（包含国际重要湿地）、上海市重要湿地（省级重要湿地）和一般湿地（暂无）。

上海市重要湿地等级划分　　　　　　　　　　　　单位：hm²

湿地等级	湿地名称	湿地面积
国际重要湿地	上海崇明东滩国际重要湿地	32626.45
	上海长江口中华鲟国际重要湿地	3760.21
国家重要湿地	上海市浦东新区九段沙国家重要湿地	40898.06
省级重要湿地	宝山陈行—宝钢水库市级重要湿地	313.97
	崇明北湖市级重要湿地	1277.86
	崇明东风西沙水库市级重要湿地	335.42
	崇明东平森林公园市级重要湿地	16.97
	崇明东滩市级重要湿地	24083.03
	崇明青草沙水库市级重要湿地	6317.79
	崇明西沙市级重要湿地	241.83
	崇明长江口中华鲟市级重要湿地	45545.50
	奉贤海湾森林公园市级重要湿地	95.40
	金山三岛市级重要湿地	118.51
	浦东九段沙市级重要湿地	40898.06
	青浦淀山湖市级重要湿地	1796.44
	青浦金泽水库市级重要湿地	269.21

注：引自《国际重要湿地名录》《国家重要湿地名录》，以及上海市绿化和市容管理局公开发布的《关于公布第一批上海市重要湿地名录的通知》。

2 湿地修复概念及程序

CHAPTER 2
DEFINITION AND PROCEDURE OF WETLAND RESTORATION

 开展湿地修复应建立在明确湿地修复含义、贯彻湿地修复发展理念、遵循湿地修复基本原则、落实湿地修复程序与手段的基础上。

2.1 湿地修复 Wetland Restoration

湿地修复是指通过生态技术或生态工程对退化或消失的湿地进行修复或重建，再现湿地被干扰前的结构、功能，以及物理、化学和生物学特征。

2.2 湿地修复基本理念 Concept of Wetland Restoration

我国湿地保护修复经历了3段发展历程，其修复理念相应发生了传统湿地修复理念到绿色发展理念再到系统性理念的转变，从根本上推动湿地修复政策革新。

湿地修复基本理念

基本理念	内　容
传统湿地修复理念	传统湿地修复理念是从发挥土地供给功能、水资源功能、生产功能和景观功能角度开展的湿地保护和修复工作
绿色发展理念	湿地修复强调以生态空间和生态功能保护恢复为主，修复理念过渡到以维持生物多样性、大气与水文调节、水质净化、防灾减灾和科普教育功能等单一的湿地生态系统服务为修复目标的绿色发展理念
系统性理念	"十四五"时期，我国生态发展进入"山水林田湖草沙"生命共同体、实现碳达峰碳中和、着力提高生态系统整体质量和稳定性的新时代新发展阶段，湿地修复理念转变为生态系统稳定性提升、生态系统服务价值提升导向的系统性、整体性修复

2.3 湿地修复基本原则
Principle of Wetland Restoration

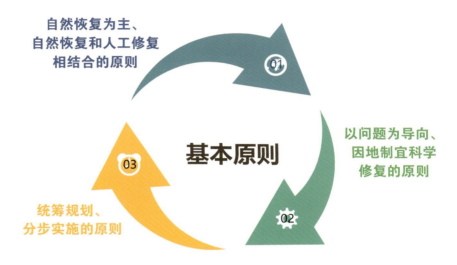

湿地修复基本原则

※ **坚持自然恢复为主、自然恢复和人工修复相结合的原则**

加强湿地修复工作，恢复湿地面积，提高湿地生态系统质量。

※ **坚持以问题为导向、因地制宜科学修复的原则**

根据湿地演替路径，系统分析湿地退化原因，确定湿地退化主要因子。针对湿地退化主要原因，以区域本底现状为基础因地制宜开展湿地修复工作。

※ **坚持统筹规划、分步实施的原则**

湿地修复是辅以人工措施使生态系统逐渐稳定的过程，依据生态系统演替规律，结合湿地保护、开发目标合理制定近期、中期和长期目标，保证湿地生态修复的科学性、严谨性和整体性。从实际出发，量力而行，分步实施，重点优先，滚动实施。

2.4 湿地修复程序
Procedure of Wetland Restoration

明确湿地修复程序是开展湿地修复的一个重要环节，须遵循湿地生态系统自然演替规律，共分为9步：

湿地修复程序流程图

※ 生态现状调查与评估

重点收集相关的各种资料，如地质地形、动物植被、人类活动、气候水文方面的信息。

※ 压力因子的辨识

辨识出湿地所面临的压力因子。压力因子包括人类活动和自然原因两大类。人类活动包括开发建设、水产养殖、水污染、水土流失、景观格局变化和生境破碎化等；自然原因主要有海平面上升、水流侵蚀和气候变化等。

※ 参照湿地的选择

参照湿地的选择可遵循两种方式：第一种，选取相同或相近的健康自然湿地；第二种，选取人工设定的标准湿地。

※ 修复目标的设定

湿地修复目标多种多样，通常归纳为3种类型：生态系统的恢复（主要保护湿地的生态系统结构和过程）；特殊物种的保护（主要保护濒危的动植物物种）；湿地功能的恢复（主要恢复已经退化或消失的湿地生态系统服务功能）。

※ 湿地修复的途径

湿地的修复途径可根据退化程度或威胁状况分为3个类别：退化程度轻，威胁因子人为消除后，选用自然恢复的方式；退化程度较重，威胁因子可采取人工措施后消除或减缓，采用针对性的工程技术开展修复；退化程度严重，制定目标后，采取工程措施重建湿地。

※ 修复工程的实施

修复工程实施的过程中要遵循两个原则：生态经济性原则和主导功能导向原则。生态经济性原则是指在保证湿地生态系统合理运行的前提下，尽量减少工程量，降低成本。主导功能导向原则是指在湿地修复过程中，以解决问题为导向，采取对应的措施，重点解决制约主导生态功能发挥的各类限制性因素，合理开展湿地修复各项工作。

※ 环境影响评价与控制

湿地修复的环境影响评价一般包括湿地项目建设期和运行期两部分的影响评价。所评价的范围包括项目内区域和项目周边相关区域。针对环境影响评价中提出的问题，必须找出有效的措施缓解和控制所产生的影响。

※ 湿地修复的监测与评估

监测是指在项目实施的整个过程中对项目状态以及影响项目进展的内外部因素进行及时的、连续的、系统的记录和报告的系列活动过程。评估是指评价湿地修复工程所获得的成就，主要关注所采取的建设行动带来的结果，以判断湿地建设工程是否达到预期目标。

※ 湿地修复的后期管理

依据湿地修复效果监测的结果对湿地进行维护，制定短期和长期的湿地管理计划。在管理计划的指导下，开展巡护、水位水质控制、水生生物管理、设施设备维护、科普宣教策划等工作。

2.5 湿地修复的方法与工程
Methods and Engineering of Wetland Restoration

因地制宜采取基底修复、地形改造、水文连通、水质改善、动植物恢复等措施，增强湿地生态功能。

湿地修复方法及具体内容

湿地修复方法	具体内容
基底修复	对污染严重的退化湿地，要重视对水下基底的修复。采取包括清淤、深翻、晒塘等措施，清除污泥，拦截污染源，增加水容量，增强水循环，为动植物生长提供条件，恢复水体的自净能力
地形改造	湿地地形包括岸带、浅滩、岛屿、深水区域多个方面，影响着湿地土壤、小气候、水文以及湿地生物等要素的空间分布。因地制宜地进行地形改造是湿地修复实现丰富景观要素、生境类型和提升服务功能的关键
水文连通	通过工程措施促进自然的水文连通，或建设水文控制系统，对进水、排水、水位进行控制，是实现湿地修复目标的重要方面
水质改善	通过采取内源污染处理、截断和控制污染源进入、消除和降低湿地水体富营养盐、恢复水体自净能力等各种人工措施，积极恢复湿地水质
动植物恢复	通过自然恢复、植物种植、动物迁移、招引、野放等措施，来增加和恢复湿地的生物多样性。动植物的恢复应使用本土物种，遵循生态演替的规律

湿地修复工程与方法

3 湿地修复目标功能与引导

CHAPTER 3
FUNCTION AND GUIDANCE OF WETLAND RESTORATION OBJECTIVES

 湿地具有净化水质、维持生物多样性等多种功能，目前面临着面积减少、生境质量下降等问题。我们应该识别湿地生态问题，以目标为导向开展湿地修复。

3.1 湿地生态系统服务功能
Wetland Ecosystem Services

湿地生态系统服务功能是湿地的基本属性，是湿地提供服务的基础和前提，联合国《千年生态系统评估》将其分为供给服务、调节服务、支持服务和文化服务 4 个方面。

※ **供给服务**

人类从湿地生态系统中获得的产品，包括食物、淡水资源、原材料、矿物资源、能源等。

※ **调节服务**

人类从湿地生态系统调节过程中获得的收益，包括水源涵养、水质净化、气候调节、固碳、释氧、堤岸保护等。

※ **支持服务**

湿地生态系统提供和支撑其他服务而必需的基础服务，包括生物多样性维持、净初级生产力等。

※ **文化服务**

人类从湿地生态系统中获得的非物质福祉，包括休闲旅游、科研教育和身心健康等。

湿地修复目标功能与引导 • ❸

3.2 湿地生态问题识别与对策
Identification of Wetland Ecological Issues and Countermeasures

截至目前,上海市湿地仍面临多种问题,湿地修复应识别湿地生态问题,采取相应对策进行修复。

湿地生态问题及解决对策

问 题		对 策
自然湿地面积减少	滨海湿地	严控新增围填海; 稳妥处理围填海历史遗留问题; 加强海洋生态保护与修复; 提升滨海湿地监管能力
	湖泊湿地	严禁围垦活动; 开展退田(塘)还湖工程; 加强湖泊湿地保护力度
湿地生态质量下降		对重要自然湿地划定生态保护红线; 强化湿地功能保护与恢复
湿地生境受损、生物多样性降低		严禁破坏湿地现状; 严禁周边实施对湿地影响较大的工程; 清除周边污染源或提高污染物排放标准; 评估生境受损程度,选择适合的修复措施; 生物保育湿地设置缓冲区,限制人类活动; 治理入侵物种,加强管理养护
环境污染严重、湿地水质恶化		构建生态沟渠、滨岸缓冲带等治理面源污染; 构建生态前置库,净化上游水质; 修复受损水生态系统,提高湿地自净能力; 沟通水文连通性弱的水系,实现活水畅流
生态监测起步晚、理论支撑不充足		加大资金投入,培养相关人才; 完善监测体系,建立统一评价标准; 增设生态监测点位,建立长效监测机制

3.3 湿地修复目标
Objectives of Wetland Restoration

从国内外湿地生态修复发展建设经验来看，未来上海市湿地修复应满足以下要求。

※ **维护生物多样性，促进生态平衡**
为本土动植物提供适宜的生存环境，为迁徙物种提供优质中转栖息地，促进城市生态平衡。

※ **减少水体污染，提高水体质量**
降解、转化污染物，减少污染负荷，提高水体质量。

※ **改善水文情势，抵御自然灾害**
防洪除涝、缓解城市"热岛效应"、调节气候、抵御自然灾害。

※ **营造自然景观，美化生活环境**
湿地景观融合生态功能，野趣性强，形成观赏节点，美化生活环境。

※ **延展生态空间，展示地区文化**
利用湿地要素及布局展现自然生态风光和人文气息，承载传统文化。

4 湿地修复场景设计

CHAPTER 4
SCENE DESIGN OF WETLAND RESTORATION

4.1 维持生物多样性
Maintaining Biodiversity

湿地是上海生物多样性的主要载体，孕育着全市 70% 以上的野生动物种类，形成以鸟类、两栖类为主要代表的类群。栖息地生境恢复与重建须充分考虑不同类群对栖息地需求的差异与共性，满足各类群需求。

湿地修复场景设计 ④

水鸟栖息地修复  营造丰富多样的环境,即增强环境异质性,满足各类水鸟的栖息需求。

上海是亚太地区迁徙水鸟的重要中转驿站和越冬地,以鸻鹬类、雁鸭类、鹤类、鸥类、鹭类等为主要的代表性类群。水鸟的栖息地需求一般分为觅食地、停歇地、隐蔽地和繁殖地等几个方面,不同的水鸟类群对栖息地的需求存在一定的差异性。

增强生境异质性　※　**优化湿地景观格局,丰富栖息地生境类型**

采取地形塑造、水域重塑及植被群落恢复等重建措施,针对目标水鸟营造生态岛屿、浅滩湿地、草本沼泽、深水池塘等异质、多样、功能优化的生境,以恢复水鸟种类及数量。

上海市水鸟常见栖息地需求分类

目标类群	栖息地需求	栖息地类型
鸻鹬类	觅食地	浅滩湿地
	停歇地	生境岛屿
鸥类	繁殖地	生境岛屿
	觅食地	开阔水域
鹤类	觅食地	浅滩湿地
	隐蔽地	草本沼泽
雁鸭类	觅食地	浅滩湿地
	停歇地	开阔水域
鹭类	觅食地	浅滩湿地
	停歇地	草本沼泽

丰富岸线形态　※　**塑造弯曲、多样、渐变的水陆交界面**

保留、维持和修复自然地形,保持局部生态岛屿、浅滩、深水池塘等岸线的多样形态和蜿蜒特性。

科学管理植被　　　※　**控制湿地植被种类、规模，保证植被层次分明**

　　　　　　　　　　　水鸟的觅食、停歇、隐蔽和繁殖与植被状况高度相关，如生境岛屿、浅滩湿地，适宜海三棱藨草、糙叶薹草等较低矮的植被生长，草本沼泽需要较大规模的芦苇群落。

多水源联合调度　　※　**控制栖息地水位变化，构建不同水体生境**

　　　　　　　　　　　为满足不同水鸟类群的活动繁育需求，水鸟栖息地营造要综合考虑四季水位变化，通过涵闸结合潮汐变化合理控制水系的深度及流速，必要时建设水位控制闸、引（抽）水泵站等人工设施，营造有收有放的水系空间，形成自然、生态、多变的湿地景观，满足不同类型动植物栖息生长的需要。

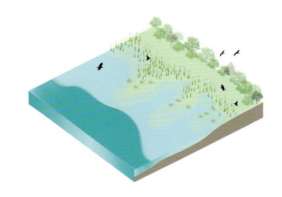

浅滩湿地示意图

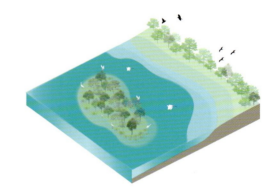

高坡型生境岛屿示意图

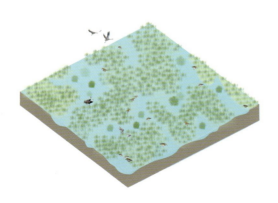

草本沼泽示意图

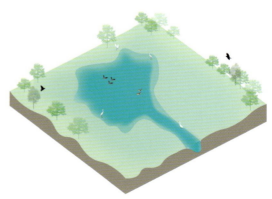

深水池塘示意图

湿地修复场景设计

上海市崇明东滩鸟类国家级自然保护区

案例分析：伦敦湿地中心

　　伦敦湿地中心是一个建在大都市中心的湿地公园，是全世界城市中心的典范，是多种鸟类迁徙和昆虫栖息的场所，构建了生境岛屿、开阔水面、浅滩湿地、草本沼泽等栖息地类型。

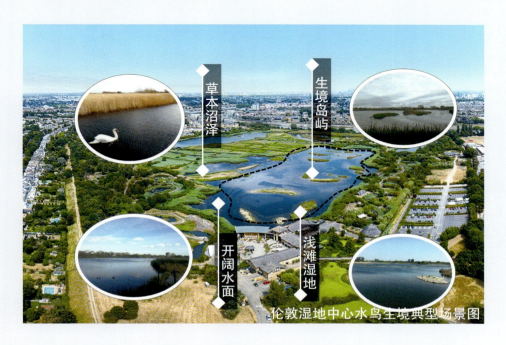

伦敦湿地中心水鸟生境典型场景图

※ **低矮型生境岛屿**

　　常水位时应该露出水面高度 0.1～0.5m。掌形和海星形岛屿面积为 0.1～0.3hm^2，鱼骨形岛屿为 0.5～1.5hm^2。一般不种植植被，仅适宜较低矮植被生长，保持裸露沙石滩或光泥滩以满足动植物繁殖需求。

※ **潜水型生境岛屿**

　　宜在水位控制能力较强的湿地中营造。常水位时淹没在水里，岛顶平坦，一般低于常水位 0.2～0.4m，为不规则凸边形，面积一般为 0.3～0.5hm^2。无须种植植被。

※ **高坡型生境岛屿**

　　为鹭类等鸟类提供营巢区域的一种特殊的岛屿，通常超出常水位 1m 以上，面积＞0.5hm^2。高坡型岛屿坡度＞30°的，应建设生态护岸。岛屿上主要种植乔木和灌木。

※ **浅滩湿地**

　　宜在河流、岛屿、湖泊等岸坡临近水面的开阔处营造。浅滩坡比宜＜1∶20。缓坡应确保一定的面积，坡长≥10m。在水位可控制的水域，缓坡被淹水深度应≤0.3m。可种植低矮植被。

※ **草本沼泽**

　　宜在水位可控或能够形成较浅蓄水状态的湿地区域营造。面积宜在 2hm^2 以上，深度控制在 0.1～0.5m，可构建沟渠网络。沟渠深度应超过沼泽平均滩面 1.5m 深以上，宽度为 3～8m。自然恢复植被为主。

※ **深水池塘**

　　面积超过 5hm^2 以上的开阔水体或草本沼泽宜营造深水池塘，面积宜控制在 1～2hm^2，一般为星形等凹边形，深度宜＞2m。一个区域内营造 1 个以上的池塘，池塘和池塘之间应有沟渠连接。

苇丛鸟类栖息地修复

构建高质量的芦苇群落可满足不同苇丛鸟类繁殖、觅食、活动的需求。

连片芦苇

※ 营造大面积芦苇丛群落

芦苇丛植物群落是许多湿地周缘林鸟的核心生境之一;震旦鸦雀、东方大苇莺、大杜鹃、苇鸦等鸟类依赖芦苇生境生存,因此,恢复并维持大面积芦苇群落具有重要意义。

芦苇群落宜在滩涂以及河道旁营造,满足林鸟栖息的同时也便利其取水需求;芦苇群落应尽可能保证较大的面积,营造为块状或条带状,保持群落间具有较好的连通性。对于小斑块状分布的芦苇群落需补种芦苇以增强连通性。

芦苇丛边缘营造高草丛或者灌草丛,增加环境异质,同时为鸟类提供躲避场所;对于营造后的维护管理,尤其是冬季收割应分批进行,保证依赖芦苇丛生存的鸟类都可找到栖息的场所。

宁波市杭州湾湿地公园芦苇丛

昆明市官渡自然公园芦苇丛

湿地周边鸟类栖息地修复

构建丰富的植物群落和植源性食物，可满足不同类群的林鸟需求。

结构丰富

※ 营造多层次的乡土陆生植被群落

垂直空间上营造丰富的层次，即合理搭配乔木、灌木以及草本植物，形成多层分级结构的植物群落，从而为在不同高度活动的林鸟种群提供适宜的生态位，增强其多样性。

水平空间上形成丰富的组合，即以上海地带性的常绿和落叶植物互相交错栽植，营造混交植被群落以增强环境异质性，增强本地鸟类的适应性。

食物充足

※ 季节性配置鸟类植源食物

挑选花果不同期的植被类群，确保四季皆有花有果，此外还须考虑果实的大小和种类，植物配置以中等大小果实植物为主，辅以小果实植物进行合理搭配，以满足不同季节多种鸟类取食要求。樟科、木樨科、槭科、柿科、蔷薇科、楝科、千屈菜科、杉科等木本植物可提供比较丰富的果实类食源；禾本科、菊科等草本植物可提供种子类食源。

典型陆生植被群落场景图（上海市动物园）

湿地修复场景设计

两栖类栖息地修复

创设多样的水陆条件,满足两栖类的生境需求,技术关键在于地形地貌改造、水系沟通调整和植被恢复等。

丰富生存空间　※　**构建多样的水陆两栖生境**

两栖类栖息地的建设须满足不同两栖类群在各个生活史阶段的繁殖、觅食、扩散、躲避等多样性生境需求,宜在池塘、湖泊、溪流旁的浅水区域及农田、草地、灌木丛和林地周边依托原有地形构建生态水塘、生态水道,局部设置生态小岛,水陆交汇处设置坡度较缓的泥质生态驳岸,保证空间上形成多样化的水陆栖息生境。

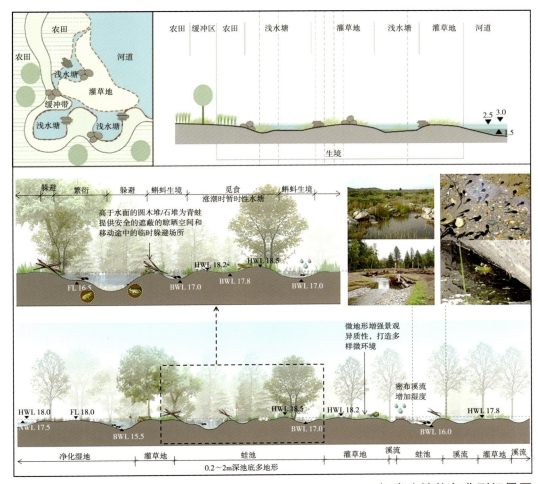

两栖类生境修复典型场景图

外来入侵物种治理

外来入侵物种抢占本土植物的生长空间，破坏湿地环境，影响生物多样性及生态系统功能。

上海湿地系统常见外来入侵物种通常因具有较强的适应能力及繁殖能力而快速扩散，排挤或破坏湿地动植物，导致湿地生物多样性降低，威胁生态系统安全功能。

上海市湿地常见入侵物种介绍

名 称	图 示	入侵特征	主要危害
互花米草		植株粗壮高大，生长密集，适应能力强（中、高、低滩均有分布），生命力顽强，繁殖力强（有性繁殖与无性繁殖皆可）	外来入侵物种中唯一的海岸盐沼植物，导致滩涂湿地生物多样性降低，严重威胁着上海滩涂湿地生态系统结构
凤眼莲		适应性强，繁殖能力极强，是世界上生长繁殖最快的水草之一，兼具有性与无性两种繁殖方式	大面积覆盖水体表面，遮光导致其他水生植物死亡，破坏水生生态系统食物链，大大降低生物多样性，从而影响水生态系统的结构和功能
空心莲子草		为水陆两栖草本植物，适应性强，繁殖快，分枝多，生命力顽强（种子经动物消化后仍能存活），抗逆性强，导致生物多样性丧失，还可通过化感作用改变土壤的营养成分，进而影响土壤生物多样性	堵塞航道，排挤其他植物，使群落物种单一化，覆盖水面影响鱼类生长；在农田危害作物；入侵湿地，破坏景观，腐烂后会恶化水质、滋生蚊虫、传播疾病，最终对入侵地的生物多样性、生态系统和社会经济造成很大影响
福寿螺		适应能力强，对恶劣环境的耐受度很高，食性广而杂，耐饥饿，繁殖力惊人	破坏水生植物，其排泄物能污染水体，与本地物种竞争导致其减少，破坏湿地生态系统；同时，它也是卷棘口吸虫、广州管圆线虫的中间宿主
加拿大一枝黄花		适生范围广，生长期长，繁殖能力强，无性繁殖和有性繁殖结合，缺少有效天敌，扩散速度极快，易形成大面积单一优势种群	导致芦苇、白茅等本土植物的生长受到抑制，从而形成单一的优势种群，对湿地环境中的动植物生存产生一定影响，严重威胁地方生物多样性

上海市湿地常见入侵物种治理与防治

治理目标	防治措施			
互花米草	阻断生长，切断繁殖途径			
	刈割 去除其地上部分，阻断营养生长，破坏地上通气系统，并阻止传粉、结实（阻断有性繁殖）	淹水 提高水位并淹没其繁殖体，使地下部分窒息死亡，阻断无性繁殖	翻耕 清除或切碎其地下根茎，阻断无性繁殖	化学法 宜选择对环境危害小的药剂，多次施药致其死亡，阻断无性繁殖
	人工辅助，降低竞争力			
	水文调控 构建利于芦苇等本土植物生长的环境		生物替代 将其灭除后应种植本土替代植株，抑制其重新入侵	
凤眼莲	物理防治 人工或机械打捞、拦截隔离等		化学防治 除草剂	
	生物防治 引入捕食性天敌昆虫		综合防治 根据不同生境采取多种防治方法	
空心莲子草	物理防治 水域中人工打捞、搅碎、晒干；陆地中翻耕土壤、清除茎叶根、晒干、焚烧		化学防治 除草剂	
	生物防治 引入天敌或微生物		综合防治 因地制宜，重视本地天敌昆虫和引进天敌的保护和应用	
福寿螺	农业防治 改变农田耕作制度，水旱轮作		物理防治 人工摘除、物理设施阻隔或引诱产卵，再集中销毁	
	生物防治 引入天敌，如鸭、河蟹、中华鳖等		化学防治 化学防治在其爆发成灾期可发挥重要作用，但须加强监督与指导	
加拿大一枝黄花	物理防治 人工拔除、机械防除、翻耕、焚烧等，须注意根状茎的清除，适用于种子成熟前，若在种子成熟期须避免种子洒落		化学防治 适用于幼苗期，不宜在苗圃地或植株矮小的林木、果树地使用；避免对农田或人畜造成危害	

上海市湿地修复与场景设计

盐沼植物修复  利用本土植被对当地生态环境的高度适应性，进行植被修复和生态修复建设。

上海市沿海滩涂须以恢复滨海湿地生物多样性、为野生动物提供觅食及栖息场所、提供教育价值等为目的，开展盐沼植被修复，充分发挥沿海滩涂湿地的生产力和生态服务功能。

※ 芦苇种植技术要点

 种植高程

适宜种植高程应为中高潮滩，分布高程下限为平均潮位以上 0.60m。

 种植时间

种植时间宜安排在 4—6 月、9—11 月。

种植方式

移栽：芦苗带土墩种植。
扦插：芦苇带芽茎插入种植基。
种根：种植带休眠芽的根茎。
播种：提前采集种子，大面积播种。

 种子（苗）筛选

移栽采用茎秆粗壮且带有 2～4 个分蘖的芦苇苗；扦插及种根应选择切口光滑整齐的健康茎段。

 注意事项

土壤盐度为 0.3%～0.58%，土壤 pH 值为 7.74～8.24；适当刈割，优化芦苇湿地生态环境。

芦苇穗

崇明东滩

芦苇恢复场景

※ 海三棱藨草种植技术要点

种植相关技术要求可参照《海三棱藨草种群生态修复技术规程》（DB31/T 1373—2022）。

 种植高程

适宜种植高程为中潮滩至高潮滩下限，分布高程下限约为平均潮位线，视盐度情况小幅变化。

 种植时间

种植时间宜安排在 4—6 月。

种子（苗）筛选

种苗筛选：选择采集生长健康、无病虫害、株高＞10cm 的球茎苗，或苗高＞8cm、根长＞1cm、根数 3 条以上的再生苗。
种子筛选：宜选择当年生且籽粒饱满、无虫害的种子。

 注意事项

保持水体盐度＜1‰；场地地势平整，每一个种植区内地势落差应＜5cm；自然潮滩恢复场地水动力的最大波能密度应符合相关规程要求。

 种植方式

球茎苗移栽，将球茎苗种植于深度为 15cm 的坑内，移栽密度应不低于每平方米 30 株。
播种种植密度宜为每平方米 50～100 粒，宜在阴天直接撒播萌发后的种子。
实生苗移栽，以育苗袋为一丛，密度宜为每平方米 4 丛。
再生苗移栽，以 3～5 株再生苗为一丛，密度宜为每平方米 4 丛。

海三棱藨草

海三棱藨草恢复场景

海三棱藨草恢复场景

上海市湿地修复与场景设计

※ 白茅种植技术要点

 种植高程
适宜种植高程为多年平均高潮位以上。

 种植时间
种植时间宜安排在4月上中旬。

 种子（苗）筛选
以根状茎和种子繁殖，选择当年生且空壳率低的种子。

种植方式
移栽：种植穴深度为20～25cm，以3～7枝带根茎的白茅为一株，回填种植土［砂土和红壤土质量比为（1～2）：（1～4）］。
播种：种植密度为每亩地3～4kg白茅种子。

 注意事项
土壤盐度＜0.1%；种子适宜萌发温度为18℃，根茎生长的适宜温度为15～24℃；冬季低剪至地面；怕水淹，忌翻动，不耐阴。

白茅

白茅恢复场景

※ 糙叶薹草种植技术要点

 种植高程
适宜种植高程为平均高潮位以上。

 种植时间
种植时间宜安排在4—5月。

种植方式
移栽法：于周边糙叶薹草区域选苗，挖取根状茎移栽。
播种法：在秋季植物扬花期收集种子以备使用。

 注意事项
适宜土壤盐度0.1%～0.3%，pH值为7.5～8.2。

糙叶薹草

糙叶薹草恢复场景

4.2 水质净化
Water Purification

湿地系统以其独特的"植物－土壤－微生物"结构，发挥沉淀过滤、吸附吸收和转化分解作用，从而去除水体中各类污染物质，已成为污水处理厂尾水、养殖废水、农田退水、地表河湖水等低污染水体深度净化的重要手段之一。工程中可基于区域自然特征，并结合水体污染物净化需求构建不同类型湿地场景。

| 拦截沉淀湿地 | 拦截沉淀湿地可结合围隔挡板、人工介质、生态填料、水生植物等措施，起到减缓水流速度、改善水体流态、延长水体停留时间、提高水体自净能力的作用，可去除水体中泥沙、悬浮物等大粒径污染物，使水体变得澄清。 |

构建沉淀空间

※ 因地制宜设计沉淀空间，促进悬浮颗粒充分沉降

沉淀空间宜在湿地系统前端设置，并保证足够开阔，便于水体悬浮物质沉淀和后期清淤作业。具体构建形式宜根据湿地进出水量、水质等条件综合确定，建议水力停留时间不少于2d，水力负荷不高于 $0.5m^3/(m^2·d)$。

高程布置应充分利用原有地形，宜充分考虑重力自流、降低能耗、平衡土方；水深应考虑水生植物生长条件，平均水深不宜超过3m；宜采用表层出水方式，出水口最低水位应高于下游常水位。

巧建拦截措施

※ 科学布置拦截促沉措施，强化水体自我净化功能

在拦截沉淀湿地中，还可结合工程布置，设置不同类型水生植物、围隔潜堤、导流挡板、人工介质、生态填料等不同类型的拦截措施。一方面通过流态调整强化悬浮物的沉淀性能；另一方面增加拦截吸附作用，进一步去除污染物质，并兼顾生态景观效果。

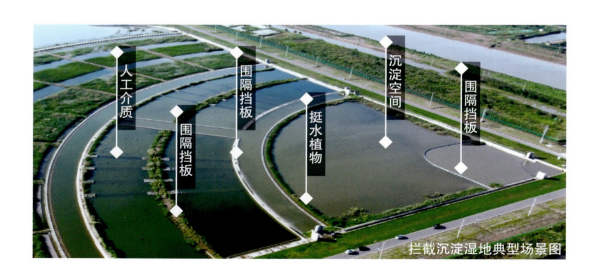

拦截沉淀湿地典型场景图

湿地修复场景设计 ● 4

利用挡板分割水面形成沉淀空间，滨岸种植挺水植物进行拦截过滤和初步净化

常见拦截措施

氧化净化湿地

氧化净化湿地通过构建不同水深条件、布置自然复氧或人工曝气设施，调节改善水体溶解氧环境，并结合微生物转化分解、水生植物的吸收和水生动物的滤食作用等，去除水体中的有机物、氨氮等污染物。

活水增氧

※ 增加局部水体动力，改善水体溶氧状态

针对溶解氧含量较低、水体流动性差的水体，可利用自然跌水或辅助曝气措施来改善水动力条件，同时增加水体与空气的接触时间与面积，加速水体自然复氧过程；辅助曝气措施主要包括机械曝气、喷泉曝气、鼓风曝气等，具体技术形式可结合工程水深条件、水质特点、景观要求和用电条件等方面因素综合选取。

曝气类别、形式、深度与使用场景

类别	常见形式	曝气深度	适用场景
机械曝气	叶轮式	表面曝气	小型浅水水体
	水车式		
	涌浪式		面积开阔的浅水水体
	射流式	潜水曝气	水深 < 6m 的狭长水体
喷水曝气	喷泉式	表面曝气	有景观需求的浅水水体
鼓风曝气	鼓风机管道	潜水曝气	水深为 1～6m 的水体

常见跌水增氧场景

生物净化　　※　合理配置水生生物，实现生态良性循环

种植净化功能较强的水生植物，配置不同食性的水生动物（鱼类、底栖动物等），充分发挥水生生物对水体污染物的吸收、分解、转化功能；营造多样的生境条件，必要时辅助生物膜技术，增强水体微生物数量及活性，加速其对水体及底泥中污染物的生物降解过程，达到水质净化的目的。

采用跌水+喷泉曝气的措施增加水体溶解氧，配置对水体污染物净化能力强的各类水生植物

氧化净化湿地典型场景图

表流湿地

表流湿地是一类水体在基质界面以上流动,并有序从进水端流向出水端的湿地,主要依靠植物自身吸收、拦截及根茎、基质界面上形成的生物膜微生物的降解作用,重点去除水体中氮、磷等营养物质。

营造生境

※ **因地施策丰富生境,均匀布水兼顾景观**

表流湿地一般分为进水区、处理区和出水区,可分为若干单元并联或串联运行,单个单元长度宜为 20～50m,长宽比宜为 3∶1～5∶1,水深宜控制在 30～60cm,底坡宜为 0.57°～2.00°。

表流湿地占地面积通常较大,由天然湖泊、河流和坑塘等水系改造而成的表流湿地可根据实际地形设计,并构造丰富的生境;同时选用适宜的布水方式和必要的导流措施有序引导水流,避免出现死水区。

构建群落

※ **合理配置植物群落,加强后期运维管护**

合理搭配不同生活型的水生植物,增强湿地生物多样性并打造景观效果,宜选用耐污能力强、根系发达、去污效果好、具有抗冻及抗病虫害能力、有一定经济价值的本土植物。

湿地运行过程中须重点加强湿地植物的管理维护,在维持群落结构稳定的前提下及时收割、外运并妥善处置,避免造成二次污染。

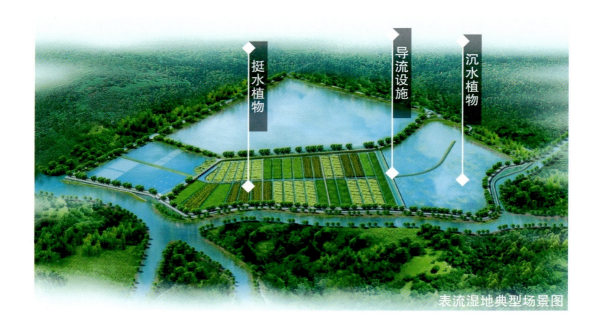

表流湿地典型场景图

湿地修复场景设计 ● 4

宜昌市陈家冲西园雨污水净化湿地效果图

宜昌市陈家冲西园雨污水净化湿地分区平面图

宜昌市陈家冲西园雨污水净化湿地典型断面图

潜流湿地

潜流湿地是一类水体在基质界面以下流动,并依靠自身重力和连通器原理从进水端流向出水端的湿地,主要通过基质物理吸附拦截、填料表面微生物分解转化、湿地植物根系的吸收等方式,实现水体中有机物、氨氮等污染物的去除。

科学选择工艺

※ 选择工艺路线,保障净化效果

潜流湿地按水体流态可分为水平潜流湿地、垂直潜流湿地两大类型。

水平潜流湿地可承受较大的水力负荷和有机污染负荷,管理相对粗放,通常适用于处理水量较大的场合,对有机物等污染物去除效果较好。单元面积宜≤ 2000m^2,长宽比宜< 3∶1,具体工程设计中可根据地形、输配水需要和景观设计等确定平面布置。

垂直潜流湿地可进一步分为上行流湿地和下行流湿地,对布水均匀性要求较高,管理相对精细,适用于处理水量较小的场合,对氨氮等污染物去除效果较好。单元面积宜< 1500m^2,长宽比宜为1∶1～3∶1,具体工程设计中可根据地形、集布水需要和景观设计等确定平面布置。

建设管理并重

※ 科学合理建设,注重运行管护

潜流湿地一般由进水区、处理区和集水区组成,不同类型潜流湿地的布水方式有所区别。处理区自上而下通常由覆盖层、填料层和防渗层组成,其中覆盖层主要种植挺水植物或湿生植物,净化水质的同时兼顾景观效果;填料层根据水质净化需求选择不同类型和级配的填料,常用填料包括碎石、沸石、钢渣、陶粒等具有一定机械强度、比表面积较大、稳定性良好并具有合适孔隙率的天然或人工材料。

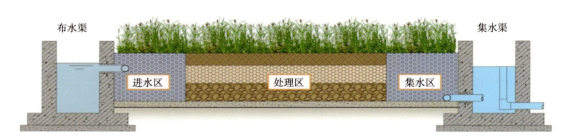

潜流湿地典型构造示意图

湿地修复场景设计 • 4

在各类潜流湿地设计中，应充分考虑不同运行工况和检修工况的需求，重点防止填料堵塞。运行过程中还须加强湿地植物的管理维护，在维持群落结构稳定的情况下及时收割以移除污染物。

潜流湿地典型场景图

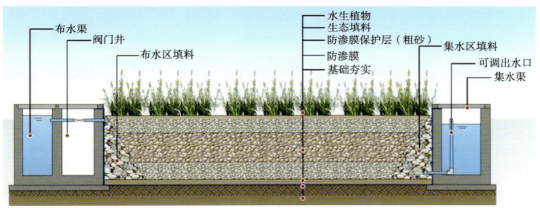

水平潜流湿地（水体以水平方式流过填料层）

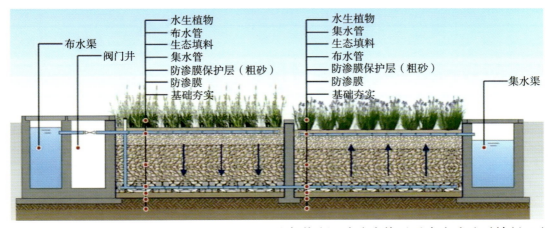

垂直潜流湿地（水体以垂直方式流过填料层）

涵养湿地

涵养湿地强调丰富的水下微生境设计，以沉水植物群落构建为核心，科学配置其他生活型水生植物、各类水生动物，逐步引导形成健康、平衡、稳定的水生态系统，通过自净作用改善并维持水质，可用于微污染水体的深度净化和水质最终保障，防止水体富营养化。

场景设计分类　　※　结合修复对象设计场景

涵养湿地按修复对象的不同，可分为清水走廊和草型湖泊两大类型。清水走廊主要以河道型湿地修复为基础，结合各类物理及生物修复等工程技术措施，通过优化组合，促使河道生态系统恢复到较为自然的状态。

草型湖泊是指把湖库型湿地恢复到以大型水生维管束植物，特别是沉水植物群落为主要初级生产者的水生态系统，核心是恢复湖泊生态系统的结构。

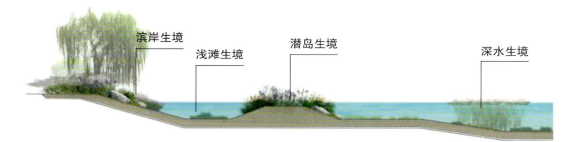

涵养湿地生境构建示意图

涵养湿地场景图

湿地修复场景设计

上海市青西郊野公园（挺水植物、浮叶植物、拦截措施、沉水植物、湿生乔木）

清水走廊（嘉兴市桐乡凤凰湖湿地）

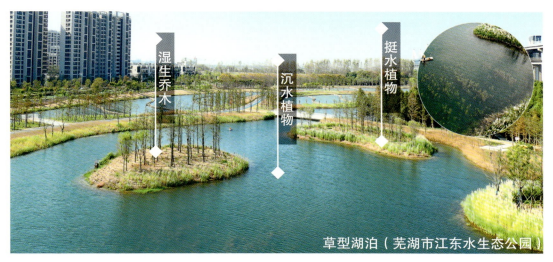

草型湖泊（芜湖市江东水生态公园）（湿生乔木、沉水植物、挺水植物）

| 复合净化湿地 |  | 结合实际场地条件、处理水量、水质特点和其他生态修复需求，可将各类净化湿地场景通过串联或并联的方式予以组合应用，以强化湿地系统的水质净化作用，并发挥多重生态服务功能。 |

案例分析1：上海市浦东张家浜楔形绿地复合净化湿地

该湿地以张家浜及其两岸楔形绿地为核心，由罗山路、锦绣东路、龙东大道、外环线围合而成，其中湿地区域总面积约8万 m^2，按功能划分为沉淀区、表流湿地净化区、缓流涵养净水湖区，利用湿地净水功能，达到协同降浊、提升水质的目的。

该湿地内的9个大小不等、各具特色的人工湿地也起到了海绵过滤、植物阻隔、吸附净化的作用，区域内及周边水质均稳定在地表水Ⅲ类标准，河湖水体透明度最高达到1m。

上海市张家浜楔形绿地湿地平面图

上海市浦东张家浜楔形绿地湿地

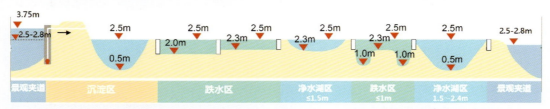

生态湿地典型断面示意图（A-A'）

案例分析2：连云港市蔷薇湖水源地复合净化湿地

该湿地位于江苏省连云港市海州区锦屏镇，占地约4402亩，包括拦截沉淀湿地（280亩）、表流湿地（1150亩）、缓流涵养湿地（300亩）等多个水质净化湿地的组合。

该项目运行情况良好，水质达标率常年保持在100%，主要指标达到地表水Ⅲ类标准，部分指标达到地表水Ⅱ类标准，大面积湿地同时起到了鸟类生态保育作用，项目的生态和社会效益日渐突出。

连云港市蔷薇湖水源地复合净化湿地

案例分析 3：宜昌市西园雨污生态环保示范项目

该湿地位于湖北省宜昌市，占地面积约 15hm^2，净化水体为周边污水处理设施排放的尾水和初期雨水，综合采用了潜流湿地、表流湿地和涵养湿地技术工艺串联运行，水体得到净化后成为公园绿化灌溉用水及杂用水。

根据水质监测分析，该湿地出水主要水质指标达到地表水Ⅳ类标准，部分指标可达到地表水Ⅱ类标准，水体清澈透明，生态结构稳定，运行效果较好。在发挥水质净化主要功能的同时，该湿地还起到了水土保持和景观建设的作用。

宜昌市西园雨污生态环保示范项目

案例分析 4：上海世博后滩湿地公园复合净化湿地

该湿地位于上海市中心的黄浦江东岸，设计的内河湿地净化带长 1.7km，宽 5～30m，总面积约为 14.2km²，采用了加强型人工湿地净化技术，共分为沙砾滩过滤区、植物综合净化区、植物床净化区、梯田过滤净化区、重金属净化区、病原体净化区、营养物净化区和水质稳定调节区，利用内河人工湿地带对黄浦江受污染的水进行生态水质净化。

来自黄浦江的江水进入人工湿地后，经过层层过滤，从劣Ⅴ类水提升为Ⅲ类水，设计的湿地水体净化处理能力为每日 2400m³，可消纳周边绿色空间及河流雨洪水约每年 1.6×10^8L，蓄滞雨洪水量约每年 1.03×10^8L，降低雨洪径流近 100%，约合每年 1.09×10^8L。

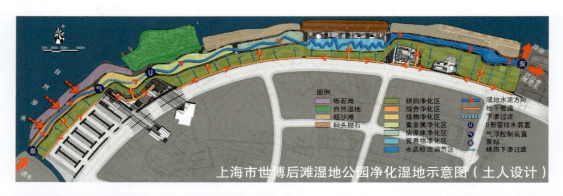

上海市世博后滩湿地公园净化湿地示意图（土人设计）

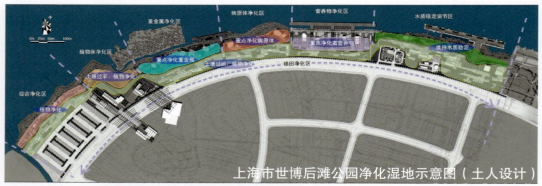

上海市世博后滩公园净化湿地示意图（土人设计）

表流湿地

拦截沉淀区

生态沟渠

作为一类线型湿地和低影响开发设施，生态沟渠在输水过程中可通过植物吸收、基质吸附、微生物降解等途径，在一定程度上降低地表径流所携带的污染物浓度，使水体在传输过程中得到净化。

场景应用

※ 结合场地条件，选择不同形式

生态沟渠鼓励利用原有排水沟渠进行改造和提升，适用于滨河道路、公园绿地、农田等场景，可作为一类净化初期雨水、农田退水等面源污染的管控措施。

生态沟渠建设应综合考虑区域地形特征、可利用地、输水规模、排水结构等方面的实际情况。常见断面形式有梯形、抛物线形等，通常梯形结构适用于用地条件受限、强调排水顺畅的场景；抛物线形结构适用于公园或道路绿地等景观要求较高的场景。

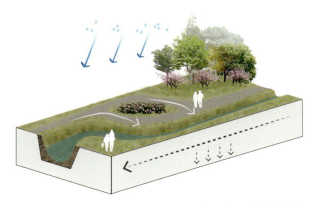

生态沟渠布置示意图

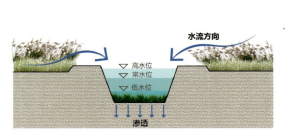

梯形生态沟渠断面示意图

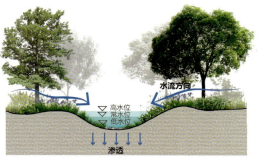

抛物线形生态沟渠断面示意图

生境营造　　※　**明确营造要求，保证处理效果**

　　梯形生态沟渠底一般为土质，渠壁为土质或镶嵌生态透水多孔砖，边坡比一般为1∶1～1∶1.25。为延长滞留时间、提高拦截效果，可在沟渠内修建透水坝、生态拦截坝等辅助性工程；出水口设置生态拦截坝，控制沟内水位。

　　抛物线形生态沟渠适用于小流量径流，水体停留时间一般不短于9min，植物高度一般为100～200mm；边坡比一般为1∶4～1∶3，纵向坡度1.15°～1.73°，当高差较大时宜设置阶梯或在中途设置消能台坎。

植物配置　　※　**合理配置水湿植被，兼顾多重生态功能**

　　选择对氮、磷等营养元素具有较强吸收能力、生长旺盛、易于处置利用、有一定经济价值或观赏价值的本地植物。

　　梯形生态沟渠沟壁植物可种植狗牙根、鸢尾等湿生植物，沟底可种植茭白、慈菇、水芹等挺水植物或苦草、金鱼藻等沉水植物。抛物线形生态沟渠宜选用根深且根系细小、茎叶繁茂、净化能力强的水生或湿生植物，如狼尾草、鸢尾、香蒲等。

维护管理　　※　**注重维护管理，持续保障效果**

　　为保持良好净化效果，须对生态沟渠进行维护管理，如定期修剪植物、及时清理残留在沟渠内的生物质；沟底淤积物过厚或杂草丛生严重影响水流的区段，应及时清淤。

抛物线形生态沟渠

梯形生态沟渠

湿地修复场景设计

上海市崇明区种种片林开放休闲林地

江苏省南京市公共绿地

上海市辰山植物园

4.3 景观改善
Landscape Improvement

湿地景观与城市水景公园有一定区别，其景观特征更偏向多样性与野趣性。湿地作为城市的植物园或野生动物栖息地，展示了城市的物种多样性，将生态功能融入自然景观营造，形成观赏节点，丰富环境景观。

场景一：
水上森林

水上森林作为上海重要的湿地景观，展现出"林中有水、水中有鱼、林中有鸟、水杉林立"的独特景观风貌，深受市民喜爱。

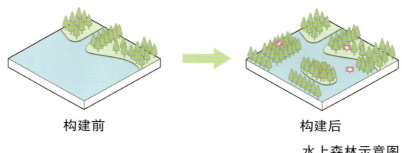

水上森林示意图

营建适宜生境　　※　**科学设置地形和水系形成湿地景观**

水上森林一般在外围用土方围合，区内种植耐淹树种并设置水深至少 0.3m 的浅塘湿地，浅塘间可以漕沟相连，浅塘周边可堆高形成生态岛，岛内种植乔木林。围合区域应满足淹水或周期性淹水要求，有利于树木形成膝状呼吸根，满足植株基部淹水部分膨大要求。

挖掘游憩功能　　※　**根据生态功能与定位制定亲水动线**

在满足防汛安全、使用安全和管理便利的前提下，可依托水上森林系统布局慢行游线或水上游线，形成可至场景腹地的活力动线。可结合码头、水上栈道、亲水平台，提高空间的亲水性。亲水设施应充分避开生态敏感区及地质情况复杂、承载力弱的区域，并采取必要的安全加固措施。

优选植物配置　　※　**景观生态型植物群落构建**

苗木宜选择成景时间短、能形成单优势种类、垂直结构简单的耐水淹陆生高大植物。常以中山杉、池杉、落羽杉、东方杉、水松中 1~2 种为基调，构建水上森林植物骨架；宜采用 4m×4m 间距种植。

滨水低湿地带，如岛屿、滨岸疏林下陆域地面可选择成片铺植鸭跖草、黄花菜、蝴蝶花、多花筋骨草、石菖蒲、二月兰等耐阴耐湿的草本开花植物，形成突出的季相色彩和林木倒映水面的景观生态型植物群落效果。

案例分析 1：上海市崇明西沙国家湿地公园

　　上海市崇明西沙国家湿地公园位于崇明岛西南角，是上海目前唯一具有自然潮汐现象和成片滩涂林地的自然湿地，主要湿地类型为内陆滩涂。潮水一涨一落的时间平均为12.4h。因此，这里形成了丰富的地形地貌，湿地中港汊纵横，具有湖泊、泥滩、内河、芦苇丛、沼泽等不同的湿地形态。

　　崇明西沙湿地的水上森林有900多亩，杉木林在自然汛期，可以通过人工调节水位，让其处于水淹状态。主要种植的植物有落羽杉、池杉、中山杉等。

上海市崇明西沙国家湿地公园

案例分析 2：上海市青西郊野公园

　　上海市青西郊野公园定位为远郊湿地型郊野公园，是上海市唯一一个以湿地林为特色的郊野公园，其近1/3的面积被水面覆盖。公园以大莲湖为核心串联起周边湿地、湖泊、树林、鱼塘、农田、河道、民居，湖滩荡岛纵横交错。

　　该公园水上森林前身是1982年上海农业局出资启动建设的粮林间作湿地造林，苗木以池杉、落羽杉、中山杉为主。随着季节交替，树叶由绿变黄、由黄变红，形成了落叶缤纷的绝美风景线。

上海市青西郊野公园

场景二：
乡村湿地
风貌营造  乡村湿地风貌是指乡村地域内的河流湖泊、草甸沼泽、水田池塘、水库运河在乡村农业生产、日常生活及适当的建设中形成的稳定且具有乡村地域特色的湿地生态系统。

※ 营造策略

全方位分析思考乡村湿地生态各个环节，遵循环境优先原则，坚持可持续发展理念，运用"基质-斑块-廊道"理论设计安全生态空间格局，维护乡村湿地系统生态景观的合理与健康。

※ 营造原则

分析评估生态系统稳定性及生态价值，确定生态敏感性高低区域分布情况，最大程度地减少对自然生态的破坏，实现人与自然、生态与经济的协调发展。

应用湿地景观格局变化研究方法，解析湿地景观格局要素，模拟各要素变化情况，确定不同环境和生态学特征在空间上的相关性，确定斑块大小、形状、毗邻性和连接度，进而指导乡村湿地风貌设计。

※ 乡村湿地水体景观

乡村湿地水体在维持动植物生存空间、支持农业生产、促进湿地生态系统平衡、提供水源等方面具有重要的作用。乡村湿地水体生态健康修复与保护采用人工干预和自然净化相结合的方式。乡村湿地滨水界面打造协调发展滨水界面的生态作用和观赏功能。

乡村湿地风貌（上海市金山区水库村）

※ 乡村湿地植物景观

植物在乡村空间环境下具备自然生态、农业生产等功能，是乡村"三生"活动的重要组成要素。

生态性植物景观：功能侧重于水质净化、生态修复。植物多考虑其生态性能，一般优先选择乡土植物。构建复合多层次的湿地植物景观体系，丰富植物空间结构和层次，形成植物景观视觉美感体验。

生产性植物景观：功能侧重于经济效益，兼具湿地生态保护和旅游体验。应用桑基鱼塘、稻鱼共生、藕塘养殖等湿地产业发展模式，着力打造生产性景观。完善乡村旅游设施更新建设，提供乡村农业观光游览、农事体验等多种方式的乡村特色体验，助力乡村产业经济的发展。

观赏性植物景观：功能侧重于功能展示。应优先选择乡土树种，可适当引进园艺植物品种。充分考虑空间搭配及时间变化，把握植物景观的层次结构、疏密程度、色彩搭配，营造出具有季节性特色的整体美感。

生态性景观场景（上海市金山区水库村）

观赏性景观场景（上海市金山区水库村）

场景三：林间湿地泡

林间湿地泡是指基于湿地泡技术与林地空间充分利用的理念，将林地或林带空隙间的大量低洼凹地、小水塘等水体构建成湿地泡，因地制宜地营造良好的林下湿地景观，通过"林""湿"复合的思路提升现有的林地生境条件。

适用范围

※ 构建空间

层次单一、林相较差、林间空隙较大的城市公共林、公园林地、防护林、风景林、开放休闲林、公益林等林地的改造。

须提升环境价值，增加休闲游憩、科普宣教功能的林地。

其他须提升生物多样性、增强水质净化与水源涵养等生态功能的林地。

场景应用

※ 单个林间湿地泡

通过"微地形营造＋植被恢复"策略构建单个林间湿地泡景观，运用"边缘效应"，在林地与湿地两个生态系统之间营造生态交错带，提升物种的多样性和景观的异质性。

※ 多个林间湿地泡

通过"微地形营造＋植被恢复＋水系网络设计"策略构建林间湿地泡群，可以提供雨洪蓄滞、展现地域景观特色、生物多样性保护、调节局地小气候、为居民打造良好的游憩与自然教育场所等多样化的生态系统服务。

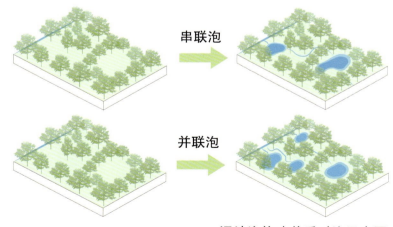

湿地泡构建前后对比示意图

4.4 防灾减灾
Disaster Prevention

湿地被称为"天然水库",为城市提供优质水资源,促进水资源积蓄、防洪除涝等系统良性循环运作。

湿地修复场景设计

场景一：水系连通

水系连通能保护、修复湿地水系在纵向、横向和垂直空间以及时间维度上的物理连通性和水文连通性，改善水动力条件，使湿地水系中物质流、能量流、物种流和信息流保持通畅，发挥其除涝调蓄功能。

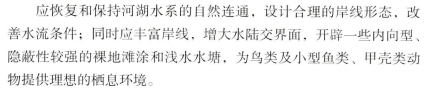

※ **平面要求**

应恢复和保持河湖水系的自然连通，设计合理的岸线形态，改善水流条件；同时应丰富岸线，增大水陆交界面，开辟一些内向型、隐蔽性较强的裸地滩涂和浅水水塘，为鸟类及小型鱼类、甲壳类动物提供理想的栖息环境。

※ **断面要求**

顺应河势，因河制宜，设计不同的断面和边坡，改善区域排水，营造多样化的地貌结构特征，提高生境异质性和生态亲和性，营造多样性生物生存环境。

※ **调度要求**

水位调度应满足湿地生态系统的生态基流量和环境需水量，服从区域防洪除涝安排，必要时通过动力设施引调水。

上海市春花秋色公园水系（局部）

场景二：牡蛎礁

牡蛎礁是由活体牡蛎、死亡牡蛎的壳及其他礁区生物共同堆积组成的聚集体，是重要的海岸带栖息地之一。

牡蛎礁体能净化水质、提升生物多样性、固碳，同时有效削减波浪能量和阻止海滩侵蚀，降低风暴潮灾害，具有较好的生态减灾功能。牡蛎礁修复的三大关键在于确定适宜修复范围、构建牡蛎礁体、补充牡蛎种群。

※ **确定适宜修复范围**

适宜修复范围应为历史上或现在有牡蛎礁或牡蛎分布的海区，或对牡蛎礁生态减灾功能有需求且环境适宜的海区。

※ **构建牡蛎礁体**

牡蛎礁体（也称固着基材料）应选择当地种牡蛎偏好固着的材料。修复设计方案应参照《海岸带生态减灾修复技术导则 第6部分：牡蛎礁》（T/CAOE 21.6—2020）、《海洋生态修复技术指南 第1部分：总则》（GB/T 41339.1—2022）、《海堤工程设计规范》（GB/T 51015—2014）等规范执行。

根据功能需求，应充分考虑海域自然环境，因地制宜地选择牡蛎礁构建方式。建成后1个月内应设置礁体标志，管护期涵盖牡蛎礁建成后2年以上，须清洁维护、清除敌害生物、定期巡查，以及进行适应性管理。

牡蛎礁群

※ 补充牡蛎种群

移植牡蛎应选择本土种的牡蛎幼苗或成体牡蛎，防止造成外来物种入侵。

牡蛎的来源、运输、投放、后期管护等可参照《海岸带生态减灾修复技术导则 第6部分：牡蛎礁》（T/CAOE 21.6—2020）执行。

场景三：
生态驳岸

构造满足岸坡安全稳定、水流通畅、自然渗透、抗冲刷固土需求的生态驳岸，减少对湿地环境的破坏，充分保证湿地岸带与水系之间的水分交换与调节。

湿地生态驳岸防灾减灾能力通常与过水能力、渗透性、固土性等有关。湿地通常采用斜坡式或复式断面，其渗透性应注重驳岸材料是否有利于水体渗透，是否有利于水岸间的水循环和物质交换；固土性应注重驳岸材料是否有利于抵抗水流侵蚀冲刷，是否有利于水土保持。

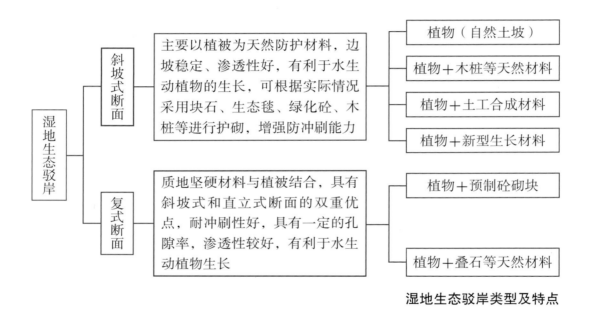

湿地生态驳岸类型及特点

※ **安全性要求**

所采用材料应满足驳岸稳定的功能，对于受水流、风浪和船行波等作用影响以及沿岸有承载要求的河段，宜采用耐冲刷性、耐久性较好的材料，还要重点考虑游人游览过程中的人身安全。

※ **生态性要求**

在满足强度要求的情况下，应选取具有较好通透性、水土保持功能良好的生态亲和材料，为植被恢复创造适宜条件，优先选取当地天然材料，为水生生物创造安全适宜的栖息空间。

湿地修复场景设计 • 4

※ 景观性要求

应考虑湿地景观需求因素，在满足安全性的情况下，采用与周边景观相协调的材料，构建自然与美学结合的生态景观功能。

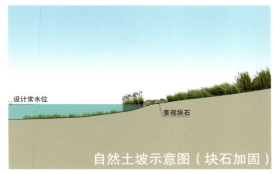

自然土坡示意图（块石加固）

沙溪河

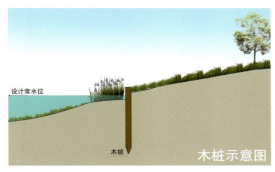

木桩示意图

水库村

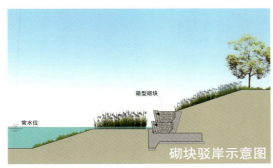

砌块驳岸示意图

张家浜

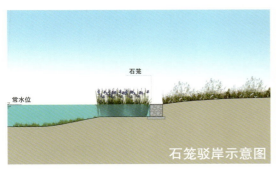

石笼驳岸示意图

鹦鹉洲湿地

· 063 ·

4.5 湿地人文
Wetland Culture

湿地是开展湿地保护宣传教育的重要场所。湿地生态文化的挖掘、认识和发展，将有助于促进湿地的自然保护；可以促进人类更深入地理解人与自然和谐相处的智慧，满足人类回归自然、向往自然的心理诉求，有利于提升国民的生态文明理念，促进生态文明建设。

与湿地相关的社会人文资源，可重点关注以下几点：当地社会与湿地相关的重要历史事件或历史人物；与湿地相关的传统文化、民俗活动、季节性的庆典活动等非物质文化遗产；当地传统中人对湿地及水资源的理解和利用方式；与湿地相关的重要的人文景观、历史建筑、考古遗迹或文物等。

湿地修复场景设计 ❹

场景一：湿地物质文化

展示与湿地相关的重要的物质文化，如创制器具、人文景观、历史建筑、考古遗迹或文物等。

　　湿地物质文化是湿地文化中最基本、最常见的构成部分。它反映人与湿地的物质文化，包括人类经营湿地时创制的各种器具，是可触知的具有物质实体的湿地产品的总和。湿地物质文化构成整个湿地文化的基础，是湿地文化最活跃的因素。

　　良渚古城营建于沼泽湿地之上，其地域内河流纵横交错，水系发达。为了保留和再现湿地生态系统，遗址公园特意保留了大面积的自然湿地和彰显良渚文化稻作文明特点的套种水稻等。良渚古城遗址公园是对湿地文化遗产资源保护展示利用的积极探索创新，它集考古遗址本体及其环境的保护展示、教育、科研、游览、休闲等多项功能于一体。

杭州市良渚古城遗址公园

**场景二： 展示与湿地相关的传统文化、民俗活动、季节性
湿地非物质文化　　　　　　的庆典活动、精神文化等非物质文化遗产。**

　　湿地非物质文化是湿地文化体系中最具民族特色和区域特色的要素。它指人类在湿地经营管理实践中，尤其是在人际交往中约定俗成的行为规范，具体表现为民俗、风俗、礼俗、习惯，以及人类在长期的湿地生产经营实践中形成的价值观念、思维方式、道德情操、审美趣味、宗教热情、民族性格等。

上海市闵行区七宝古镇

上海市青浦区朱家角古镇

上海市金山区枫泾古镇

5 湿地修复常用配置设计

CHAPTER 5
COMMON CONFIGURATION DESIGN OF WETLAND RESTORATION

湿地配置设计是湿地生态修复不可或缺的一部分，科学配置可提升湿地修复的效果。常用配置设计包括滨岸植被配置、功能性景观小品配置及科普展示系统配置等。

5.1 滨岸植被配置
Coastal Vegetation Configuration

滨岸植被主要在临水的岸边绿化区域，通过植被的色彩、线条及姿态来组景和造景，一般由滨岸水域、水陆交汇区域和滨岸陆域3个部分组成，通过植物配置与周边环境相互融合，提升周边景色的观感。

面覆盖：统筹设计

※ 滨岸植物景观类型的选取与布局

植物景观类型即植物群落配置在一起显现出的外在表象类型。一方面要考虑滨水整体景观结构布局，另一方面要考虑功能需求布局。滨岸植物的选取与布局要求把密林、孤景树、灌木草丛、绿篱、地被、草坪等类型植物作为设计元素进行空间配置。

※ 各植物景观类型中个体的选取与布局

除整体景观布局外，还应考虑各个滨岸植物景观类型的构成设计，即植物的大小、品种、数量、形态、季相、配置手法。滨岸植物配置关注景观效果的同时，还应综合考虑如何解决现状空间的生态问题。

线串联：层次分明

※ 结合滨岸配置植物

植被应根据滨岸水域、水陆交汇区域、滨岸陆域构建由乔木、灌木、草本、湿地植物共同组成的植被体系。植物物种搭配上，应充分考虑"高低交错、层次分明"的要求，形成不同的视点；同时应考虑四季颜色的多样化，实现春花、夏荫、秋实、冬绿的四季景致各不同的景观效果；兼顾经济性，以选取本地乡土物种为主，并充分保留场地内景观价值较高的物种。

配置植被时，充分利用植物群落生态系统的循环和再生功能，通过辅助构建人工生态植物群落，从空间形态上形成物质、能量的循环通道，通过植物吸收养分，依靠分解者改良土壤、净化空气，保障可持续性。

湿地修复常用配置设计 ●5

滨岸植被配置典型断面示意图

点布局：植物配置

※ **因地因需施策，多样化配置手法**

滨岸植被配置手法应考虑景观类型和景观类型中的个体，以及河流、河道、湖泊等滨岸类型现状因素，根据现状场景情况配置植物。

在配置植物时，可采用孤植、对植、丛植、列植、群植（林植、篱植、花丛、花境、花坛）等手法，以实现景观提升。景观要求较高时，宜根据用地条件进行组团配置。

植物配置手法及图示

植物配置手法	概　述	示意图	效果图
孤　植	高大树木呈现主景观，可单独配置在滨岸开阔空间区域		
对　植	两棵高大相似树形乔木强调对称布置，可配置于滨岸桥的桥头		

·069·

续表

植物配置手法	概　述	示意图	效果图
列　植	按一定株距栽种，栽种有单行、环状、错行、顺行等多种排列方式，可配置于滨岸地形狭窄空间，或突出直线与曲线景观空间效果		
丛　植	在统一中求变化，在变化中求统一，可根据滨岸平面开合空间布置		
群　植（植物组团配置）	要求考虑植物上层结构、中层结构、下层结构，可根据滨岸立面开合空间布置		

※ 常用植物[①]

挺水植物，配置在水位变动带或浅水处，多数种植水深以 0～0.4m 为宜。

千屈菜　　再力花　　花叶芦竹　　旱伞草　　香蒲

荷花　　黄菖蒲　　美人蕉　　芦苇　　水葱

① 本书推荐植物只涵盖滨岸植被配置的常用植物，如有其他导则相关植物类型也具有一定适用性。

浮叶植物，配置在水深 0.5～1.5m 的静水或低流速水域。

| 睡莲 | 浮蓬草 | 芡实 | 荇菜 | 王莲 |

沉水植物，配置在水深 0.5～2.5m 的静水或缓流水域。

| 狐尾藻 | 竹叶眼子菜 | 苦藻 | 黑藻 | 菹草 |

陆域乔木，种植密度和空间设计应结合植物的不同生长要求、特性、种植方式及生态环境功能要求等综合研究确定，一般大乔木间隔空间宜为 5～10m；小乔木间隔空间宜为 3～6m。

| 乌桕 | 水杉 | 榉树 | 丛生五角枫 | 榔榆 |

陆域开花草本植物，种植密度和空间设计应结合植物的不同生长要求、特性、种植方式及生态环境功能要求等综合研究确定，一般草本植株间隔宜为 40～120cm。

| 小兔子狼尾草 | 大花金鸡菊 | 波斯菊 | 翠芦莉 | 柳叶马鞭草 |

景相宜：
因景配植

※ **自然湿地型滨岸**

自然型滨岸常以自然河流、自然湖泊、自然滩涂为主，一般植物配置以保育和修复乡土植被为主。

自然滩涂滨岸常选择1～2种挺水植物大片种植，常选用芦苇、白茅等。自然河流、自然湖泊陆域区域常以草坡入水或点缀多年生草本植物，如采用柳叶马鞭草、狼尾草、细叶芒等，乔木推荐落羽杉、池杉等耐水湿植物。水陆交汇区域植物推荐配置香蒲、千屈菜等挺水植物。水域区域可配置苦草、马来眼子菜等沉水植物，以及睡莲、芡实等浮叶植物。

自然滩涂（景观配置）

自然湖泊（景观配置）

※ 城市公共湿地型滨岸

城市公共型滨岸常以城市公园人工湿地和城市滨水河道湿地为主。一般植物配置的目的是形成不同的空间形态和主题。

城市公园人工湿地陆域区域常种植一些多年生开花植物，搭配一些耐湿乔木，如落羽杉、水杉、枫杨等进行丛植。水陆交汇区域植物常以挺水植物为主，如再力花、香蒲、鸢尾、黄菖蒲、美人蕉等沿滨岸边缘种植。水域区域常种植睡莲、芡实等浮叶植物等进行点缀；水深 0.5～2.5m 区域可选择狐尾草、苦草、马来眼子菜等沉水植物，种植面积应小于整体水域面积的 1/3。

城市滨水河道，常在滨岸结构外侧可种植区域沿边种植挺水植物，以带状结构为主，可选择再力花、梭鱼草、鸢尾、黄菖蒲、美人蕉等。

城市公园人工湿地塘（景观配置）

城市滨水河道（景观配置）

5.2 功能性景观小品
Functional Landscape Facilities

功能性小品包括保护设施、展示设施、卫生设施、灯光照明设施、休憩设施、通信设施、音频设施等。它们在湿地中除了供休息、装饰、照明、展示和管理及游览之用，还可融入生境，是提升生物多样性的生态景观设施。

"生态+"

※ **生态与景观结合**

湿地小品设计应秉承保护湿地生态自然环境，实现湿地资源可持续发展之主题。

在材质的选取上，应优先因地制宜、就地取材，选用湿地环境中资源充足且具有代表性的植物的枝叶、树皮等，作为园林小品的构筑材料，营造独具生态个性的园林景观。

在设计手法上，应采用仿生手法，当材料取自现代人造材料时，造型应模仿当地动植物资源。如在照明设施的灯柱部分采用竹竿作为其造型，既保证灯具使用的持久性与安全性，也体现了湿地特有的生态环境要素。此外，可选用湿地特有的植物资源，如竹子、芦苇、藤条、原木等，经过现代工艺进行加工改造，直接用于小品的设计中。

"功能+"

※ **以自然恢复区为主的湿地，巧用景观小品营造生物栖息地**

以自然恢复区为主的湿地，其生态系统保存较完整，自然状态较好，是各种鸟类、两栖类、鱼类等动物的栖息地。功能性景观小品的作用应充分考虑如何更好地帮助动植物恢复良好的生存环境。在浅水区域可以采用一些鸟桩、蛙巢等小品，在深水区域可以采用鸟岛、鱼巢等景观小品作为辅助性生物栖息地。

※ **以合理利用区为主的湿地，注重生态与实用结合**

以合理利用区为主的湿地，其生态敏感性一般，可以围绕湿地开发一些生态相关活动主题。景观生态小品可以围绕当地文化、休憩节点、服务设施、地形地势等内容展开布置。如：可以采用木制的座椅、竹条编织的垃圾箱、仿竹子形状的灯具等生态工艺的服务设施；根据地势高差制作景观跌水、溢流堰；在岸边围绕生态主题布置一些动物雕塑；等等。

鸟岛

鸟桩

座椅与展示牌

蛙巢

景观跌水

鱼巢

鸟类雕塑

5.3 科普展示系统
Science Popularization Exhibition System

通过标志牌系统、科普教育中心、宣教长廊、自然教室、观鸟屋等，展示与湿地相关的知识，并与湿地保护与营造相结合。

导览标志　　※ **指示方向，指引位置**

导览标志系统包括湿地导览地图、访客须知、方向导览指示、区域位置导向指示、边界标志、安全警示牌等，应明确标注湿地名称、入口、湿地科普教育中心、科普线路、主体功能区、指北针、游览注意事项及安全警示、救援电话信息等。

导览标志

指示标志

解说标志

警示标志

科普标志　　※ **功能介绍，科普宣传**

科普标志包括功能区或工程技术介绍、宣传栏、树牌、湿地植物科普牌、鸟类科普牌。科普标志标明功能区名称、区域图、简介及湿地净化工艺等工程介绍，同时通过宣传栏、科普名牌对湿地特有的动植物景观、动植物恢复保育技术、动植物物种名录等进行科普教育的宣传。

功能区介绍

宣传栏

科普牌

科普牌

科普教育中心　　※　**依靠湿地空间组织建设的教育中心**

科普教育中心应有固定的场所，一般设在服务管理区内。科普教育中心应展示湿地所处的地理位置、区域概况及与湿地生态系统相关的知识等。主要宣教方式有室内展示（实物＋解说标志标牌）、人员宣教（导览解说、教育活动）、媒体宣教（多媒体影音、宣传片、纪录片等）、自导式参访。

科普教育中心典型场景图

宣教长廊 ※ **基于游览路线的主题化宣教展示**

在湿地公园内配合主要的步道建设，以长廊的形式向游客提供基于游览路线的主题化宣教展示。其主要宣教方式是半室外展示（解说标志、标牌为主）及人员导览解说。宣教长廊覆盖范围广，基于步道改造而成；线性布展，宣教主题可沿一定的序列分布。

观鸟屋 ※ **湿地公园观鸟热点区提供的观鸟场所**

观鸟屋是指在湿地公园观鸟热点区建立的既能让游客不干扰自然生态，又能较为清晰、全面观察到鸟类的场所。其他植物、昆虫或湿地功能主题的宣教设施亦可参照观鸟屋规划设计。

其优势是建筑以融入环境为原则，与湿地生态环境和真实自然资源结合紧密，呈现效果更为直观和生动；宣教主题鲜明，以鸟类为观测对象，游客可自行游览，公园也可开展鸟类专题活动。

自然教室 ※ **布置课程式或活动式的教学互动空间**

在湿地公园内开展课程式或活动式的以湿地宣传教育为目的而设立的教学互动空间，大部分整合在现有设施内，也可独立建设。主要宣教方式以教学空间布设为主，墙面辅助少量解说标志标牌。可根据湿地公园资源特点开展多元主题宣教活动，可提供精准的宣教服务，有效积累相关教学课程方案的游客反馈信息，提升湿地公园宣教效果。

宣教长廊

观鸟屋

自然教室

6 实施与保障

CHAPTER 6
IMPLEMENTATION AND GUARANTEE

建立实施与保障机制是确保湿地生态修复工程顺利开展的重要环节，强调坚持规划引领、建立项目储备库、确定实施方案、拓宽政策支撑以及加强协调共享。

空间规划		坚持规划引领，注重生态空间选址和生态功能发挥。统筹协调上位规划和各项专项规划。
项目储备		建立项目储备库机制。确定项目空间选址，开展本区域本底调查，明确修复目标、编制项目建议书。
方案编制		坚持目标导向和问题导向；遵循保护优先、因地制宜、自然为主、工程为辅、和谐共享原则；形成竞争机制和合作平台。
政策支撑		拓宽湿地生态修复支持和资金保障渠道。加强国家、市、区三级公共财政投入。
协调共享		加强与市（区）规划资源、水务、生态环境、农业农村、发展改革等管理部门和属地政府的沟通协调。

7 维护与监测评估

CHAPTER 7
MAINTENANCE MONITORING AND EVALUATION

 湿地后续维护与监测评估是修复工程完工后能否维持并提升湿地修复效果、保障项目效益持续提升的关键。

7.1 维护管理
Maintenance and Management

※ 水系管理
　　水系周边设立警示等宣传导语；水体管理包含水文过程及水质管理，根据湿地监测数据动态调控；设计引调水系统、内循环系统等水质净化系统，维持湿地正常水质。

※ 动物保护
　　全面清理区域内危害野生动物安全的各类隐患；严厉打击破坏野生动物栖息地和生存环境的行为；依法从重从快打击各类违法犯罪行为；设置动物招引点；清除外来入侵物种。

※ 湿地植被
　　根据沉水植物、挺水植物、浮水植物的生长习性合理设计水位；定期收割植物，防止湿地植物扩散；清除垃圾及外来入侵植物。

※ 设备维护
　　定期检查与维修科普教育中心的管理系统、监控系统等相关设施设备，以及潜水混流泵等湿地设备。落实巡护人员，定期开展巡护检查工作。

※ 科普宣教
　　积极开展湿地的科普宣教活动，提升公众对湿地修复重要性的认知；加强国际合作与交流，提高湿地修复和保护的技术水平。

7.2 监测评估
Monitoring and Evaluation

※ **指标监测**

加强修复成效监测评估，建立长效监测机制；监测指标须反映湿地修复功能或修复目标；让监测指标体系化、标准化、可量化。

※ **修复目标评估**

后评估应该围绕修复前问题的解决程度及目标的达标程度，对可量化的指标进行定期监测，分析未达标的原因，形成定期监测报告；对于无法量化、只有描述性的指标可采用专家系统进行评估。

※ **管理考核维护**

建立维护管理考核机制，定期开展湿地修复管理维护考核机制，应围绕日常巡护、生境维护、设施设备维护、资源监测、科普宣教、经费使用、管理效率等几方面内容开展。

湿地监测指标名称、类别、内容及频率

指标名称	指标类别	内容指标	观测频率
生物多样性指标	珍稀濒危物种	两栖类	每年1次
		水鸟类	每年2次
		林雀鸟	每年1次
	食物丰富度	木本、草本、藻类植物、沉水、挺水、浮叶植物、鱼类、底栖、土壤动物	每年1次
水质净化指标	物理性质	水温、pH值	每季1次
	水体污染指标	总氮、总磷	每年1次
		微量元素	每季1次
		溶解氧、化学需氧量、生化需氧量、硫化物	发生时观测
		表面活性剂、主要重金属含量、易分解有机磷农药、难分解有机氯农药	发生时观测

注：监测指标推荐以维持生物多样性与水质净化为修复目标。

附录1 相关参考文件

序 号	参考文件
1	《建设用卵石、碎石》(GB/T 14685—2022)
2	《裸露坡面植被恢复技术规范》(GB/T 38360—2019)
3	《海堤工程设计规范》(GB/T 51015—2014)
4	《互花米草生态控制技术规范》(DB31/T 1243—2020)
5	《海三棱藨草种群生态修复技术规程》(DB31/T 1373—2022)
6	《河道清水廊道构建和生态保障技术导则》(DB32/T 4078—2021)
7	《城市湖泊水体草型生态系统重构技术指南》(DB32/T 4046—2021)
8	《海岸带生态减灾修复技术导则 第6部分:牡蛎礁》(T/CAOE 21.6—2020)
9	《外来入侵物种管理办法》(农业农村部,2022年)
10	《水葫芦综合防治技术规程》(NY/T 3019—2016)
11	《空心莲子草综合防治技术规程》(NY/T 2153—2012)
12	《福寿螺综合防治技术规程》(NY/T 2152—2012)
13	《湖泊流域入湖河流河道生态修复技术指南》(生态环境部,2014年)
14	《海洋生态修复技术指南(试行)》(自然资源部,2021年)
15	《林区公路设计规范》(LY/T 5005—2014)
16	《水处理用滤料》(CJ/T 43—2005)
17	《鸟类栖息地优化项目技术手册》(崇明东滩鸟类国家级自然保护区)
18	《土著植物种群恢复技术手册》(崇明东滩鸟类国家级自然保护区)
19	《河湖生态缓冲带保护修复技术指南》(生态环境部,2021年)

续表

序 号	参考文件
20	《关于特别是作为水禽栖息地的国际重要湿地公约》
21	《中华人民共和国湿地保护法》
22	《全国湿地资源调查技术规程(试行)》(国家林业局,2010年)
23	《第三次全国国土调查工作分类地类认定细则》(国务院第三次全国国土调查领导小组办公室,2019年)
24	《关于上海市第三次全国国土调查主要数据的公报》
25	《中国外来入侵物种名单》(2003年,第一批)
26	《中国外来入侵物种名单》(2010年,第二批)
27	《互花米草生态控制技术规范》(DB31/T 1243—2020)
28	《水葫芦综合防治技术规程》(NY/T 3019—2016)
29	《空心莲子草综合防治技术规程》(NY/T 2153—2012)
30	《福寿螺综合防治技术规程》(NY/T 2152—2012)

附录 2 上海市湿地常用水生植物特性一览

植物类型	植物名称	生态特征	生长特性	去除污染物能力		
				化学需氧量	氨氮	总磷
挺水植物	芦苇	多年生湿生草本植物，具粗壮备筒地下茎。地上茎秆高1~5m，直径2~20mm，节下通常具白粉。叶片带状披针形，长15~60cm，宽1~3cm。一般芦苇3月中下旬从地下茎长出芽，4—5月大量发生，9—10月开花，11月结果	最适水深：0~0.5m 生长时段：2—12月 栽种时段：3—9月 栽种密度：每丛5~10芽，每平方米9~16处	高		高
	香蒲	多年生落叶，宿根性挺水型单子叶植物。具根状茎，叶条质，剑形或线形。花果期5—8月。喜温暖，耐严寒，可以在自然条件下顺利越冬。喜温暖湿润气候及潮湿环境，应选择向阳、肥沃的浅水处栽培	最适水深：0~0.5m 生长时段：2—12月 栽种时段：3—12月 栽种密度：每丛3~5芽，每平方米9~16处	较高	高	高
	菖蒲	多年生挺水型草本植物，全株有特殊香气。最适生长温度为20~25℃，10℃以下停止生长，冬季地上部分枯死，应及时进行收割。以地下茎越冬，喜水湿，常生于池塘、河流、湖泊岸边的浅水处。不耐干旱，稍耐寒	最适水深：0.1~0.2m 生长时段：2—12月 栽种时段：3—10月 栽种密度：每丛3~5株，每平方米9~16处	中等	较高	较高

续表

植物类型	植物名称	生态特征	生长特性	去除污染物能力		
				化学需氧量	氨氮	总磷
挺水植物	水葱	多年生挺水草本植物。匍匐根状茎粗壮。叶片细线形，长1.5~12cm。生长在湖边、水边、浅水塘、沼泽地或湿地草丛中。最佳生长温度15~30℃，10℃以下停止生长，能耐低温，花果期5—9月。繁殖方法包括有性和无性两种	最适水深：0~0.5m；生长时段：2—12月；栽种时段：3—12月；栽种密度：每丛3~5芽，每平方米9~16丛	较高	中等	较高
	再力花	原产于热带美洲。生长适温20~30℃，低于10℃停止生长。冬季温度不低于0℃，短时间能耐-5℃低温。入冬地上部分逐渐枯死，根茎在泥中越冬。3—4月返绿，11月开始枯萎，植株高达2m以上	最适水深：0.1~0.5m；生长时段：2—12月；栽种时段：3—12月；栽种密度：每丛3~5芽，每平方米9~16丛	中等	中等	中等
	千屈菜	株高1m左右，茎四棱形，直立多分枝，叶对生或轮生，披针形。花期7—8月。喜温暖及光照充足，通风好的环境。喜水湿，较耐寒，在浅水中栽培长势最好，也可旱地栽培。对土壤要求不严，在土质肥沃的塘泥基质中花艳，长势强壮	最适水深：0~0.2m；生长时段：2—12月；栽种时段：3—10月；栽种密度：每丛5~10芽，每平方米9~16丛	中等	中等	较高
	美人蕉	株高1~2m；叶片长披针形；总状花序顶生；多花；温带地区花期4—10月，地上部分冬季枯死，根状茎进入休眠期。生性强健，适应性强，喜光，怕强风，在肥沃的土壤或砂质土壤中都可生长良好。生长适宜温度为15~28℃，低于10℃不利于生长	最适水深：0~0.2m；生长时段：2—12月；栽种时段：3—9月；栽种密度：每丛3~5株，每平方米9~16丛	较高	高	高

续表

植物类型	植物名称	生态特征	生长特性	去除污染物能力		
				化学需氧量	氨氮	总磷
挺水植物	荷花	多年生水生植物。根茎（藕）肥大多节，横生于水底泥中。叶盾状圆形，表面深绿色。花单生于花梗顶端，高托于水面之上，有单瓣、复瓣、重瓣及重台等花型；花期6—9月，果熟期为9—10月。性喜相对稳定的平静浅水，湖塘、泽地、池塘是其适生地	最适水深：0.1～1m 生长时段：2—10月 栽种时段：3—8月 栽种密度：每丛3～5芽，每平方米3丛	较高	中等	中等
	旱伞草	多年生草本植物，主干高1～5m，直径3～5mm，刚长出的幼竹节下具白粉；叶宽三角形至披针形。性喜温暖、通风良好、光照充足的环境，耐半阴、基耐寒，对土壤要求不严，以肥沃黏黏的土质为宜。花期8—9月，果期9—10月	最适水深：0～0.3m 生长时段：2—12月 栽种时段：3—12月 栽种密度：每丛3～5芽，每平方米9丛	高	较高	较高
	黄菖蒲	多年生湿生或挺水草本植物，植株高大，生长茂密，基生，绿色，长剑形，长60～100cm，中肋明显，并具横向网状脉。适应性强，喜光，耐阴，耐旱，耐湿，砂壤土及黏土及都能生长	最适水深：0～0.2m 生长时段：2—12月 栽种时段：3—10月 栽种密度：每丛3～5株，每平方米9～16丛	一般	中等	中等
	梭鱼草	多年生挺水或湿生草本植物，叶基生，叶基生广心形，端部渐尖，穗状花序顶生。喜温，喜肥，喜湿，喜光，怕风，不耐寒，静水及水流缓慢的水域中均可生长，适宜在20cm浅水中生长，适温为15～30℃，越冬温度不宜低于5℃	最适水深：0.1～0.3m 生长时段：2—12月 栽种时段：3—10月 栽种密度：每丛3～5株，每平方米9～16丛	中等	中等	中等

续表

植物类型	植物名称	生态特征	生长特性	去除污染物能力		
				化学需氧量	氨氮	总磷
挺水植物	慈姑	多年生草本植物，根状茎横生，10—11月结果，同时形成地下球茎。有很强的适应性，在陆地上各种水面的浅水区均能生长，但要求光照充足，气候温和，较背风的环境下生长，适合在土壤肥沃但土层不太深的黏土上生长	最适水深：0～0.3m 生长时段：2—10月 栽种时段：3—8月 栽种密度：每丛3～5芽，每平方米9～16丛	中等	中等	中等
	龙须眼子菜	多年生沉水草本植物。茎细弱，线状，直径1～1.5mm。叶线形或丝状，长3～10cm；花期6—7月。生于池塘、沼泽或沟渠中	最适水深：1～2.5m 生长时段：全年 栽种时段：3—12月 栽种密度：每丛3～5株，每平方米16丛	中等	中等	中等
沉水植物	水蕴草	株体茎呈圆柱形，直立或横生于水中，最粗处有0.35cm，长达100cm。直接把它的茎枝插在水中的泥土里，就能长出很多新的嫩芽，不用种子也能繁殖，生殖力很强	最适水深：0.5～1.5m 生长时段：9月—次年6月 栽种时段：9月—次年3月 栽种密度：每丛3～5株，每平方米16丛	中等	中等	中等
	微齿眼子菜	多年生沉水草本，无根茎，茎细长，直径0.5～1mm，具分枝，近基部常匍匐，生于湖泊、池塘等静水水体，水体多呈微酸性	最适水深：1～2.5m 生长时段：全年 栽种时段：3—12月 栽种密度：每丛8～10芽，每平方米16丛	中等	中等	中等

续表

植物类型	植物名称	生态特征	生长特性	去除污染物能力		
				化学需氧量	氨氮	总磷
沉水植物	伊乐藻	原产于北美,于20世纪80年代引进我国,适应力极强。耐污性和无性繁殖能力强,易种易活,生长迅速,对污染水体的净化效果好。夏季由于温度升高,生长抑制,沉入水底	最适水深:0.5～2m 生长时段:10月—次年6月 栽种时段:10月—次年4月 栽种密度:每丛8～10芽,每平方米16丛	高	高	高
	矮生苦草	多年生沉水植物,无直立茎,有横走的匍匐茎。叶基生,长线性或细带形,对光照需求相对较低,在较低的光照条件下依然可以生长,以分株法繁殖为主,亦可通过种子繁殖	最适水深:0.5～2m 生长时段:全年 栽种时段:全年 栽种密度:每丛8～10芽,每平方米16～25丛	高	高	高
	马来眼子菜	多年生草本植物,地下茎发达,叶长椭圆形,主要以分株、地下根茎及其上形成的块茎体形式繁殖为主,能够适应较深的水深范围,株长随水深的增加而增加,在水深0.5～1.5m处生长更为旺盛	最适水深:0.3～2.5m 生长时段:全年 栽种时段:3—12月 栽种密度:每丛8～10芽,每平方米16丛	中等	中等	高
	刺苦草	主要分布于湖泊、水库中,通常生长于水深0.5～2m的水域。无直立茎,具横走的匍匐茎。水温10℃以上时块茎开始萌芽生长,6—7月为分蘖生长高峰,8月中旬至10月上旬开花,9月下旬至10月中旬逐渐形成块茎	最适水深:0.5～2m 生长时段:3～11月 栽种时段:3—6月 栽种密度:每丛8～10芽,每平方米16～25丛	较高	中等	中等

续表

植物类型	植物名称	生态特征	生长特性	去除污染物能力		
				化学需氧量	氨氮	总磷
沉水植物	黑藻	多年生沉水草本植物，耐寒性强，在我国南北各地均可生长，在长江流域4月开始萌发生长，10月后开始腐烂进入休眠期	最适水深：0.5～2m 生长时段：4—10月 栽种时段：4—9月 栽种密度：每丛8～10芽，每平方米16～25丛	较高	较高	较高
	苦草	多年生沉水草本植物，耐寒性极强，在长江流域及以南地区的冬季幼苗常青。在长江流域晚秋开始萌芽生长，花期4—6月，翌年6月腐烂进入休眠期	最适水深：0.5～2m 生长时段：12—5月 栽种时段：3—6月 栽种密度：每丛8～10芽，每平方米16～25丛	较高	较高	较高
	金鱼藻	多年生沉水草本植物，耐寒性强，在我国南北各地均可生长，在长江流域4月开始萌发生长，10月后开始腐烂进入休眠期	最适水深：0.5～1.5m 生长时段：4—10月 栽种时段：4—10月 栽种密度：每丛8～10芽，每平方米16～25丛	高	高	较高
浮叶植物	睡莲	多年生浮叶型水生草本植物。喜强光，通风良好，对土质要求不严。在长江流域3月根茎开始萌发。花期5—9月，盛花期为6—8月，11月后开始叶枯进入休眠期，部分品种以半绿形式过冬	最适水深：0.3～0.8m 生长时段：3—11月 栽种时段：2—10月 栽种密度：每平方米3～4头	高	高	较高

续表

植物类型	植物名称	生态特征	生长特性	去除污染物能力		
				化学需氧量	氨氮	总磷
	荇菜	多年生草本植物，耐寒性强，在我国南北各地均可露天过冬。在长江流域3月开始生长。花期7—10月，11月后开始叶枯或半枯，进入休眠期	最适水深：0.2～2m 生长时段：3—11月 栽种时段：3—10月 栽种密度：每丛15～25芽，每平方米3～5芽	中等	中等	中等
	芡实	一年生草本植物，不耐寒，不宜在浅水生长。生长期为春季到秋季，在长江流域花期6—9月，10月后开始枯萎死亡	最适水深：0.3～1.2m 生长时段：5—10月 栽种时段：5—8月 栽种密度：每平方米0.1～0.2单株	较高	中等	中等
浮叶植物	萍蓬草	多年生浮叶型水生草本植物，对土壤要求不严，耐寒性强，浅水可呈半挺水状态。在长江流域3月根茎开始萌发。花期5—9月，11月后开始叶枯进入休眠期	最适水深：0.3～1.5m 生长时段：3—11月 栽种时段：3—10月 栽种密度：每平方米3～4头	中等	较高	中等

附 录 3 上海市湿地常用景观植物

序号	植物种类		学 名	植物形态				生态习性		
				种类	株高	花期	果期	耐盐碱	耐干旱	耐水湿
1	乔木	水杉	*Metasequoia glyptostroboides*	落叶乔木	可达35m	2月下旬	11月	●	●	●
2		构树	*Broussonetia papyrifera*	落叶乔木	10～20m	4—5月	6—7月	●	●	○
3		香樟	*Cinnamomum camphora*	常绿乔木	可达30m	4—5月	8—11月	△	△	○
4		合欢	*Albizia julibrissin*	落叶乔木	可达16m	6—7月	8—10月	○	●	△
5		榉树	*Zelkova schnideriana*	落叶乔木	可达15m	3—4月	10—11月	○	○	○
6		池杉*	*Taxodium ascendens*	落叶乔木	可达25m	3—4月	10月	●	●	●
7		垂柳*	*Salix babylonica*	落叶乔木	12～18m	3—4月	4—5月	●	●	●
8		旱柳*	*Salix matsudana*	落叶乔木	可达18m	4月	4—5月	○	●	○
9		枫杨*	*Pterocarya stenoptera*	落叶乔木	可达30m	4—5月	8—9月	○	●	●
10		玉兰*	*Magnolia denudata*	落叶乔木	可达25m	2—3月	8—9月	○	●	△
11		广玉兰*	*Magnolia grandiflora*	常绿乔木	可达30m	5—6月	9—10月	○	●	△
12		刺槐*	*Robinia pseudoacacia*	落叶乔木	10～25m	4—6月	8—9月	○	○	△
13		紫叶李*	*Prunus cerasifera*	落叶小乔木	可达4m	4月	8月	○	○	○

续表

序号	植物种类		学名	植物形态				生态习性		
				种类	株高	花期	果期	耐盐碱	耐干旱	耐水湿
14	乔木	梅*	Armeniaca mume	落叶小乔木	可达15m	冬春季	5—6月	○	○	△
15		樱花*	Cerasus serrulata	乔木	4~16m	4月	5月	△	○	△
16		乌桕*	Sapium sebiferum	落叶乔木	可达15m	5—7月	10—11月	●	○	○
17		垂丝海棠	Malus halliana	落叶小乔木	可达9m	4—5月	8—9月	●	○	○
18		鸡爪槭	Acer palmatum	落叶小乔木	6~15m	4—5月	9—10月	△	●	△
19		黄山栾树	Koelreuteria bipinnata var. integrifolia	落叶乔木或灌木	15~25m	6—7月	9—10月	●	○	○
20		无患子	Sapindus mukorossi	落叶大乔木	20~25m	5—6月	10月	△	●	○
21		银杏	Ginkgo biloba	落叶乔木	可达40m	3—4月	9—10月	△	●	△
22		臭椿	Ailanthus altissima	落叶乔木	20~30m	6—7月	9—10月	△	●	△
23		楝树	Melia azedarach	落叶乔木	15m	5月	秋季至翌年春季	●	●	●
24		黄连木	Pistacia chinensis	落叶乔木	25m	5月	10月	●	●	○
25		光皮树	Cornus wilsoniana	落叶乔木	18m	5月	10月	○	○	○
26		墨西哥落羽杉	Taxodium mucronatum	半常绿乔木	20m			●	△	●
27		女贞*	Ligustrum lucidum	灌木	可达25m	5—7月	7月至翌年5月	○	○	●
28		碧桃*	Amygdalus persica	乔木	3~8m	3—4月	8—9月	△	○	△

续表

序号	植物种类	学名	种类	株高	花期	果期	耐盐碱	耐干旱	耐水湿
								生态习性	
灌木									
29	杞柳	Salix integra	灌木	1～3m	5月	6月	○	○	○
30	南天竹	Nandina domestica	常绿小灌木	1～3m	3—6月	5—11月	○	●	○
31	石楠	Photinia serrulata	常绿灌木	4～6m	4—5月	10月	○	○	△
32	杜鹃	Rhododendron simsii	落叶灌木	2～5m	4—6月	8—10月	●	○	△
33	枸骨	Ilex cornuta	常绿灌木	1～3m	4—5月	9—10月	△	○	△
34	夹竹桃*	Nerium indicum	常绿大灌木		6—10月	冬春季	○	●	○
35	木芙蓉*	Hibiscus mutabilis	落叶灌木	2～5m	9—10月		●	△	○
36	金叶女贞*	Ligustrum × vicaryi	半常绿小灌木				○	○	○
37	醉鱼草*	Buddleja lindleyana	灌木	1～3m	4—10月	8月至翌年4月	○	●	△
38	紫荆*	Cercis chinensis	落叶灌木	2～5m	3—4月	9—10月	△	●	○
39	绣线菊*	Spiraea salicifolia	落叶灌木	1～2m	6—8月	8—9月	○	●	○
40	火棘*	Pyracantha fortuneana	常绿灌木	可达3m	3—5月	8—11月	○	●	○
41	海桐*	Pittosporum tobira	常绿灌木	可达6m	3—5月	9至10月	○	●	○
42	红花檵木*	Loropetalum chinense	常绿灌木	可达10m	3—5月	8月	△	○	○
43	云南黄馨*	Jasminum mesnyi	常绿灌木	3～4.5m	3—4月	3—4月	○	○	○
44	瓜子黄杨*	Buxus sinica	灌木	1～6m	3月	5—6月	●	○	○

续表

序号	植物种类	学名	种类	植物形态 株高	花期	果期	生态习性 耐盐碱	耐干旱	耐水湿
灌木									
45	桂花*	Osmanthus fragrans	常绿大灌木	可达12m	9—10月上旬	翌年3月	△	○	○
46	栀子*	Gardenia jasminoides	常绿灌木	0.3～3m	3—7月	5月至翌年2月	△	△	○
47	木槿*	Hibiscus syriacus	落叶灌木	3～4m	7—8月	10—11月	○	●	○
48	凤尾丝兰*	Yucca gloriosa	常绿灌木	50～150cm	5—8月	8—9月	○	●	●
49	海滨木槿	Hibiscus hamabo	落叶灌木	2～4m	7—9月	10—11月	●	●	●
50	小叶蚊母树	Distylium buxifolium	常绿灌木	2m	3—4月	10月	●	●	●
51	贴梗海棠	Chaenomeles speciosa	落叶灌木	2m	3—4月		○	○	△
52	棣棠	Kerria japonica	落叶灌木	2m	4月		○	○	△
53	金叶大花六道木	Abelia × grandiflora	常绿灌木	2m	6—9月		○	○	△
54	金钟花	Forsythia viridissima	落叶灌木	2m	3—4月		●	○	△
草本植物									
55	麦冬	Liriope spicata	常绿草本植物	可达30cm	5—8月	8—9月	○	●	○
56	狗牙根	Cynodon dactylon	低矮草本植物	可达30cm	5—10月		●	●	●
57	条穗薹草	Carex nemostachys	半常绿多年生草本植物	可达20cm			●	●	●

续表

序号	植物种类		学名	种类	植物形态			生态习性		
					株高	花期	果期	耐盐碱	耐干旱	耐水湿
58	草本植物	狼尾草	*Setaria viridis*	多年生草本植物	30～120cm			●	●	●
59		酢浆草	*Oxalis corniculata*	多年生草本植物	10～35cm	2—9月	2—9月	○	●	●
60		白三叶	*Trifolium repens*	多年生草本植物	10～30cm	4—11月		△	○	○
61		美人蕉*	*Canna indica*	多年生草本植物	可达1.5m	3—12月		○	○	○
62		鸢尾*	*Iris tectorum*	多年生草本植物	30～50cm	4—6月	6—8月	○	●	●

注：

（1）陆域绿化树种配置可参考但不限于本名录所列植物。本名录中，物种名后带有*号的，表示该物种为栽培种，其余物种为乡土物种，判定依据为上海数字植物志。

（2）生态习性一列：●表示"能力强"；○表示"能力中等"；△表示"能力差"。